博碩文化

博碩文化

Linux
系統管理達人養成實務攻略

高效掌握 Linux 指令技巧 ✕
快速部署環境

廖子儀 著

Linux 系統管理達人養成實務攻略
高效掌握 Linux 指令技巧 × 快速部署環境

作　　者：廖子儀
責任編輯：曾婉玲

董 事 長：曾梓翔
總 編 輯：陳錦輝

出　　版：博碩文化股份有限公司
地　　址：221 新北市汐止區新台五路一段 112 號 10 樓 A 棟
　　　　　電話 (02) 2696-2869　傳真 (02) 2696-2867

郵撥帳號：17484299　戶名：博碩文化股份有限公司
博碩網站：https://www.drmaster.com.tw
讀者服務信箱：dr26962869@gmail.com
讀者服務專線：(02) 2696-2869 分機 238、519
（週一至週五 09:30 ～ 12:00；13:30 ～ 17:00）

版　　次：2024 年 12 月初版

建議零售價：新台幣 650 元
Ｉ Ｓ Ｂ Ｎ：978-626-414-082-9（平裝）
律師顧問：鳴權法律事務所 陳曉鳴 律師

本書如有破損或裝訂錯誤，請寄回本公司更換

國家圖書館出版品預行編目資料

Linux 系統管理達人養成實務攻略：高效掌握 Linux 指
令技巧 x 快速部署環境 / 廖子儀著 . -- 初版 . -- 新北市
：博碩文化股份有限公司，2024.12
　　面；　公分

ISBN 978-626-414-082-9(平裝)

1.CST: 作業系統

312.54　　　　　　　　　　　　　　　113019689

Printed in Taiwan

歡迎團體訂購，另有優惠，請洽服務專線
博 碩 粉 絲 團　(02) 2696-2869 分機 238、519

致 謝

本書的完成，絕非我一己之力所能成就，而是眾多良師益友和支持者共同促成的成果。回顧我在 Linux 學習與應用的生涯中，有幸得到來自各領域專家與導師的指導，融會貫通他們的智慧與經驗，才得以完成這本書。因此，本書可以說是匯聚了我人生中眾多專家所傳授的 Linux 技術精華。

首先，感謝國立臺北商業大學的楊進雄教授，他是引領我踏入 Linux 世界的重要人物，從求學階段開始，他便以專業的知識和無私的指導啟發了我。在他的引領下，我不僅奠定了紮實的技術基礎，也逐步學會了如何以系統性的思維看待問題。更難得的是，因緣際會下，楊老師促成了我走上教育的道路，使我有機會成為一名講師，將所學傳承給更多人。可以說，沒有楊老師，就沒有今天的我，也沒有這本書的誕生。

我要向我的父母表達最深的感謝。他們的無條件支持與信任，讓我能夠全心專注於自己的選擇。我第一台電腦的購入，正是父母的支持所促成，這才使我有機會進入這個奇妙的資訊世界，也因此得以結識並學習自眾多重要人物。他們始終在我身後，用無私的愛與信任支撐著我的成長，這本書的誕生是對他們多年守護的見證。

伴隨著人生的成長，我有幸遇到了我的妻子彥伶。感謝她始終是我最堅實的後盾，無論在我面對困難或分身乏術的挑戰時，她總能適時提出寶貴的建議，啟發我找到解決問題的新思路。她的支持與鼓勵，是我克服挑戰的最大動力，這本書的完成更凝聚了她的包容與陪伴。

謝謝第一金證券的 Andrew 李彥廷學長。與 Andrew 認識將近 20 年，我們經常一起腦力激盪，討論技術實作、架構分析，甚至是商業模式。他不僅是我的學長，更是我值得信賴的良友、軍師與戰友，總是在我技術與人生的重要關口提出寶貴建議，這對我的成長助益良多。

此外，也要謝謝博碩文化的 Abby 和 Sammi。Abby 就像一位強大的 PM，督促我在時限內完成這本書的稿件；而 Sammi 的專業編輯工作，讓這些散落的文稿得以整理成一部具有價值與完整性的作品。

最後，謝謝我的學弟洺瑋與佳瑋，是他們邀請我共同撰寫鐵人文章，才促成了這本書的出版契機，他們對程式開發的熱情與技術領域的鑽研始終給予我啟發，是我持續進步的榜樣；瑋弘老師與彥甫執行長，他們分別在資訊安全與專案管理方面提供了寶貴的建議，讓本書的內容更加豐富，視野更加開闊。

要感謝的人很多，無法逐一列出，但你們的支持如同源源不斷的能量，讓這本書更加完整且豐富。這本書是對我人生與職涯旅途中重要人物的一份敬意與致謝。

廖子儀 謹識

推薦序一

在教育領域耕耘三十載，我有幸見證許多學生從探索中找到志向，並以專業和熱忱在業界闖出一片天，本書作者就是其中一位傑出的代表。作者自學生時代便展現出對技術的濃厚興趣與不懈追求，如今將多年累積的實務經驗精煉成書，見證了從學習者到業界專家的蛻變歷程，令人倍感欣慰與驕傲。

《Linux 系統管理達人養成實務攻略：高效掌握 Linux 指令技巧 × 快速部署環境》是一部兼具系統性與實務性的佳作。作者憑藉多年的實戰經驗，從基礎操作到進階管理，全面剖析 Linux 系統管理的核心要素，為初學者提供了易於上手的指引，也為進階讀者帶來了豐富的實戰技巧。

其中，第 7 章「時間與排程」和第 8 章「磁碟管理」更是全書的亮點之一：

◆ **第 7 章**：系統性地闡述了時間同步的重要性與排程管理自動化設定方式，從基本的時間設定到網路校時的實作，內容充實且案例詳盡，對需要維持穩定執行的系統管理者來說，極具參考價值。

◆ **第 8 章**：全面解析了 Linux 磁碟管理的相關主題，從磁碟分割、檔案系統格式化到掛載與自動化設定等實務重點。內容條理清晰，能夠幫助讀者快速掌握磁碟管理的要點，並靈活應用於日常管理工作。

全書結構清晰、講解生動，不僅能讓初學者快速入門，也能為進階使用者提供豐富的實戰參考。無論你是 Linux 系統的新手，還是尋求精進的專業人士，這本書都將成為你學習和工作的得力助手。

我誠摯推薦這本書給所有對 Linux 系統有興趣的讀者，也期待本書能成為你學習和工作的得力助手。最後，祝願此書出版成功，讓更多人受益於它的內容。

國立臺北商業大學 資訊管理系教授

楊進雄 謹識

推薦序二

Linux 是資訊安全領域中重要的工具，在數位基礎建設成為全球運作核心的今天，Linux 不僅是一套作業系統，更是支撐雲端運算、人工智慧、大數據與網路安全等領域最重要的一環。身為一名長期從事資安研究與教學工作的學者，我認為對 Linux 系統的深入探討與學習，不僅是系統管理員的必備技能，更是從事資安工作的基石。

本書作者廖子儀總經理也是本校特聘的業師，擁有堅強的實務經驗，欣聞他出了一本專書《Linux 系統管理達人養成實務攻略：高效掌握 Linux 指令技巧 × 快速部署環境》，拜讀初稿後，我極力推薦本書是不可多得的學習與實踐 Linux 指南，它以全面、精準且實用的方式，為讀者搭建了前往 Linux 精通之路的橋梁。

本書涵蓋 Linux 系統管理的核心議題，每一章節都蘊含豐富的知識與操作技巧。從資安的角度而言，「目錄與檔案權限管理」章節是系統防禦的第一道防線，書中詳細介紹了基本的 chmod、chown 等指令，還深入探討了權限應用與風險，並結合實例展示了如何有效地管理檔案權限，以防止不必要的安全威脅。這部分內容對於希望強化系統安全性的專業人員尤為重要。

其次，「系統服務與日誌」章節是系統化的日誌管理與分析方法，日誌是系統運作的重要紀錄，更是事後分析攻擊事件的重要依據。廖總經理在書中介紹了不同日誌檔案的結構與用途、日誌檔案位置，透過這些必要的基礎，更能在未來延伸整合成日誌伺服器，也能根據日誌類別和嚴重層級進行事件告警機制，讓管理員能夠在第一時間接收異常通知。這對於資安從業者來說，無疑是一項關鍵技能，能夠幫助我們迅速應對事件，並進行取證分析。

上述推薦章節不僅提供了理論支持，還提供了實踐建議與 Linux 實際操作，對於資安學者及相關專業人士來說，都是寶貴的學習資源。

　　本人是一名大學教師，我欣賞本書將理論與實務結合的敘述方式，書中不僅提供了技術的基本原理，更強調了實際應用的可能性，相信這本書不僅能幫助讀者掌握 Linux 系統的精華，誠摯推薦給所有對 Linux 系統管理與對資安領域有興趣的讀者們。

致理科大資管系 助理教授

陳瑋弘 謹識

　　近年來已榮獲相關資安計畫，包括 112-113 年國科會臺灣資安科技研究中心 TACC 研究團隊共同主持人、112 年教育部產業學院精進師生資安計畫、114 年國家資通安全研究院網路安全輔導計畫

推薦序三

剛得知 Steven 報名了 iThome 鐵人賽，心想這個 Linux 狂熱份子又要挑戰成就，在 30 天後完成了現代 Linux 作業系統管理的技術分享，打從心裡佩服他對 Linux 的熱情與 Open Source 應用的熱愛。

近年來，管理人員的資訊安全意識提升，讓許多系統管理人員無所適從，除了第 1 章作業系統安裝與第 2 章及第 9 章基礎設定，Steven 透過實務經驗，依續解說 Linux 的管理知識；第 7 章和第 11 章加入資訊安全鑑識分析所需的時間校準與系統日誌保存等主題，不僅讓 Linux 作業系統能更加安全與可靠，同時也讓系統管理人員依循技術標準，更容易達成資訊安全的目標。

Steven 引領從業人員使用 Linux 相關應用為志業，將他 20 年的經驗匯整一次分享，引導 Linux 系統管理新手快速成為專家。AI 時代的來臨，除了使用 AI 工具外，期許本書成為 Linux 使用者一個完整且快速入門的墊腳石。

第一金證券

李彥廷 謹識

推薦序四

從開發者到 Linux 達人，你只需要這一本書！

在長達 20 年的系統開發經驗中，我們經常需要透過 Linux 完成開發環境、部署系統等需求，因此 Linux 幾乎可以說是資訊開發商最熟悉的作業環境之一。然而，新同事在面對 Linux 系統管理，起初總會覺得抓不準要領，甚至認爲那只是系統管理員的專業領域，但其實開發者如果能熟練掌握 Linux，不僅能提升自己的工作效率，還能解決很多開發中的實際問題。

因此，在我拜讀《Linux 系統管理達人養成實務攻略：高效掌握 Linux 指令技巧 × 快速部署環境》一書後，隨即驚嘆子儀老師在業界實戰經驗之深厚，能夠快速掌握重點，從基礎到進階，特別適合開發者學習。連 Linux 新手工程師也能秒懂核心概念、立即上手，更適合技術人員的內部培訓，可用最短的時間找到解決 Linux 管理上的各種疑難雜症。

其中，對開發者來說，「目錄與檔案權限管理」章節所學，是日常作業中最容易忽略、但也最容易出問題的地方。例如：專案中的敏感檔案怎麼避免被無關的人動到？多人協作時怎麼正確設定檔案權限？這個章節不僅講得超清楚，還配了很多實用範例，學會這些，保證你能避開一堆不必要的麻煩。

而每天重複性的工作，也是開發者日日加班之痛，學會「時間與排程」章節，就能將日常繁瑣的資料備份、測試任務、系統定期更新等作業都全自動化處理，以實際流程方法進入情境，是眞正發揮省時又省力的聰明管理方案。

另外，「網路設定問題」也是很多開發者的痛點，尤其是部署專案的時候，連接測試、網路延遲、甚至遠端連線問題，常常讓人手忙腳亂。本章教你怎麼用工具像 ping、ss 快速排查網路問題，還有如何用 SSH 進行遠端管理，這些技能都是你實戰中絕對用得上的神兵利器。

「真正實用又接地氣,絕對能在工作中幫得上忙。」我覺得是這本書的最大的特點。

不只講理論,更多的是教你如何實際操作,每一個章節都有清楚的步驟解釋和範例,讓人看完後就能馬上用起來。比起那些充滿專業術語、讓人看了頭昏眼花的技術書,這本書的風格更接地氣,讀起來輕鬆又不失深度。

最棒的是,本書指導我們:「Linux 不只是工具,更是一種系統管理上的思維方式」;真正幫助我在開發工作中能融會貫通,更靈活地解決問題、提升效率。

因此,無論你是剛起步的新人,還是已經在業界打拚多年的老手,這本書都能帶給你嶄新的思維和實用的技能。豐富的實戰經驗與清晰的講解,可幫助每位讀者快速掌握 Linux 系統的核心要領,並從中找到解決問題的最佳方法。

創創數位科技 執行長

賴彥甫（*Julian Lai*） 謹識

序 言

　　在資訊技術快速發展的背景下，Linux系統管理已成為企業 IT 架構的核心技術之一。從伺服器執行到雲端基礎設施，Linux無處不在。然而，許多 IT 從業人員在學習Linux時，常常依賴於前輩的經驗或零散的文件與筆記。這些學習方式雖然能解決部分日常任務，但在面對系統化的知識構建與邏輯性理解時，往往有一種「使不上力」的感覺。當企業面臨更複雜的系統挑戰或升級需求時，這種碎片化的學習模式常常成為技術進步的瓶頸。

　　多年來，筆者在教育訓練與實務工作中反覆觀察到這一現象，深刻體會到學習者在面對碎片化知識時的困難，也因此萌生了撰寫本書的想法。本書旨在提供一條清晰且結構化的學習路徑，幫助讀者系統性地掌握Linux系統管理的核心技能，從基礎知識到進階技術，逐步建立對系統運作邏輯的全面理解，並靈活應用於實務場景中。

　　筆者擁有超過20年的Linux系統實務經驗，持有RHCA和LPIC-3認證，以及多項資訊安全相關認證。同時，筆者長期擔任在職訓練講師，為來自不同行業的學員提供系統化的技術培訓。在這個過程中，筆者深刻理解學習者在面對技術知識時的挑戰，並累積了豐富的教學與實務經驗。本書的設計正是基於這些觀察，結合理論框架與實務案例，為讀者提供一套適合從入門到進階的學習工具，助你在Linux系統管理的道路上穩步前進。

　　本書雖然力求盡善盡美，但難免仍有遺漏或不足之處，誠摯期待讀者不吝指正與回饋，以期讓本書更臻完善。

廖子儀 謹識

關於本書

本書以 Rocky Linux 9 為基礎（相容於 RHEL 9），針對企業環境中的實際需求設計，涵蓋了 Linux 系統管理的核心技能。全書共分為 11 個章節，從入門到進階，逐步引導讀者深入了解，並掌握系統管理的關鍵技術，幫助初學者快速入門，也為有經驗的讀者提供進一步提升的實務指引。

🐧 入門章節（適合新手讀者）

以下章節特別適合剛接觸 Linux 或擁有一年以下經驗的學習者，幫助你從零開始掌握基礎知識與技能：

◆ **瞭解 Linux 與相關歷史**：探討 Linux 的背景與發展歷程，建立技術的宏觀視角。

◆ **系統基本操作**：從基礎指令與操作技巧入手，奠定紮實的操作基礎。

◆ **帳號與群組管理**：介紹使用者與群組的管理，幫助讀者理解權限設計的核心概念。

◆ **目錄與檔案權限管理**：詳述檔案系統結構與權限管理，幫助讀者有效地組織與保護資料。

◆ **訊息管理與重導**：透過訊息流轉與 Shell 功能的應用，提升操作的靈活性。

這些章節設計為新手提供清晰的學習路徑，幫助你奠定基礎，為進階學習做好準備。

🐧 進階章節（適合有經驗的讀者）

如果你已經有了一定的 Linux 經驗（如 3 年以上），可以直接跳讀以下的進階章節，這些內容涵蓋更高階的實務操作與系統管理技能：

- ◆ **系統資源檢視**：提供監控系統資源與效能分析的工具與方法，確保系統穩定性。

- ◆ **時間與排程**：探討時間管理與自動化排程工具，提升作業效率。

- ◆ **磁碟管理**：涵蓋磁碟分割與檔案系統管理的實務操作，滿足資料存儲需求。

- ◆ **網路設定與工具使用**：從基礎網路設定到進階工具應用，適應多樣化的網路環境需求。

- ◆ **作業系統套件管理**：說明套件管理工具的應用，協助讀者進行系統維護與升級。

- ◆ **系統服務與日誌**：深入講解服務管理與日誌分析，幫助讀者快速排解系統問題。

這些進階章節不僅適合進一步提升技能的使用者，也能幫助你應對企業級的實務需求。

🐧 目標讀者

- ◆ **Linux 初學者**：如果你是剛接觸 Linux 的新手，建議從入門章節開始，循序漸進地學習，為進一步發展奠定穩固基礎。

- ◆ **系統管理人員**：如果你已具備一定的經驗，可根據實際需求跳讀進階章節，快速提升問題診斷與系統管理能力。

- ◆ **資訊技術專業人士**：即便你已經熟悉 Linux，本書也涵蓋大量實務案例與技巧，幫助你在工作中更高效解決問題。

🐧 寄語讀者

Linux 的學習是一場技術累積與思維成長的旅程，掌握它的過程，既是技能的提升，也是邏輯與全局思維的鍛鍊。本書希望成為讀者在這條學習路上的良師益友，幫助你從基礎操作開始，逐步掌握 Linux 系統管理的核心技能，並能在實務中靈活應用。無論你是剛接觸 Linux 的初學者，還是希望提升技能的進階學習者，都能從本書中找到啟發與價值。筆者衷心期望本書能為你打開 Linux 世界的大門，助你在技術領域持續探索與進步。

目　錄

⑪ 系統服務與日誌 255

瞭解 Linux 與相關歷史

Linux 是一個有趣的系統，在很多地方都能看到它的蹤影。不但如此，有很多層面的使用者、開發人員、甚至是資訊安全從業人員，為了加深對各領域的應用，進而想瞭解 Linux 實際適用的範圍。

作爲本書的第一章，我們從歷史的演進來瞭解其發展，進而更加熟悉它的文化與精神。市面上有很多 Linux 的「版本」，但是這些其中有很多學問，透過本章的說明，讀者們可以清楚分辨所謂的「Linux」與「發行版」到底有什麼不同。瞭解差別之後，就可以選擇適合自己的發行版進行應用，最後使用這個發行版，從安裝來開始進行本書的旅程。

1.1　開放原始碼與授權條款

學習目標　☑ 瞭解開放原始碼的主要精神。

☑ 瞭解 GPL 的主要精神。

1.1.1　自由軟體的基石：GNU Project

1983 年，理查・斯托曼（Richard Matthew Stallman）發起了 GNU Project，目標是創造一個完全自由的作業系統，稱爲「GNU」。「GNU」是一個遞迴縮寫，代表「GNU's Not Unix!」，寓意著它與 Unix 系統相似，但卻不受 Unix 程式碼的版權限制。

1985 年，斯托曼也成立了自由軟體基金會（Free Software Foundation，FSF），作爲 GNU Project 的主要支持組織，推動自由軟體運動的發展。

GNU Project 的核心精神是自由軟體（Free Software）。自由軟體並非指免費，而是強調使用者擁有四大自由：

◆ **自由執行程式**：不受限制地執行軟體，無論用途爲何。

◆ **自由研究程式碼**：可以存取軟體的原始碼，了解其運作原理。

◆ **自由散布程式**：可以自由地複製和分享軟體給他人。

◆ **自由修改程式**：可以修改軟體，以符合自身需求，並分享修改後的版本。

> 　　筆者認為「Free」一詞更接近「Freedom」（自由），而非現在常常被誤解的「免
> {說明}　費」。瞭解了這個含義後，對於未來 Open Source 的應用，就能更明白 Free 不是成
> 本（Cost）。

　　隨著時間推移，GNU 的核心目標是要開發出一個完整的作業系統，當然這不是一時片刻就可以完成的。整個專案的開發過程中，GNU Project 開發了許多關鍵的工具和程式，包括 GNU 編譯器（GCC）、GNU Emacs 編輯器，以及各種核心的系統工具和庫，這些都是 GNU 系統運作所需的組成部分。

　　但是，在 GNU Project 的早期階段，最具挑戰性的一部分是開發一個可用的作業系統核心（Kernel）。儘管 GNU Project 開發了大量的應用程式，但當時並沒有一個完全自主的核心，不過這個空白最終和 Linux 的誕生完美整合。

　　1991 年，林納斯‧托瓦爾茲（Linus Torvalds）發布了 Linux 作業系統核心，並鼓勵社群參與其發展，這使得 GNU 的工具可以與 Linux Kernel 結合，形成了現在廣泛使用的 GNU/Linux 系統。

1.1.2　GPL 與其他授權

　　「GNU 通用公共授權」（GNU General Public License，GPL）是由 GNU Project 於 1989 年首次發布的授權條款，旨在強化自由軟體的精神，確保所有使用者擁有充分的權利來使用、修改和分發軟體。GPL 的核心理念在於維護使用者的自由，並確保任何基於 GPL 授權的軟體衍生作品都必須以相同的條件發布，因此 GPL 擁有「複製性」與「傳遞性」特性。

　　GPL 授權具體條款允許使用者自由執行、研究、修改和分享軟體，這不僅促進了接下來的開放原始碼（Open Source）發展，也為開發者提供了創作的自由。當開發者基於 GPL 授權的原始碼進行修改或衍生開發時，他們需要公開再次修改的版本，並以相同的 GPL 條款發布，這確保了社群的自由性，讓自由軟體的使用者

能夠持續享有改進和創新的機會。直到現在，GPL 條款已經來到第三版本，也是目前被廣泛應用的版本。

除了 GPL 之外，還有其他幾種廣泛使用的開放原始碼授權，MIT 授權是最受歡迎的授權之一，以其簡潔和寬鬆著稱，幾乎沒有使用限制；Apache 授權則在商業應用方面更受歡迎，因為它對專利權有明確的保護條款；BSD 授權系列則介於兩者之間，提供了適度的自由和保護。

這些不同的授權方式提供了使用者和開發者在使用開源軟體時的靈活性和選擇權，讓每個專案都能根據自身需求來選擇最適合的授權模式。雖然有多種不同的授權，但是它們都來自一個主要精神：「自由」。

1.1.3　開放原始碼（Open Source）

「開放原始碼」（Open Source）概念是在 GNU Project 及自由軟體運動的基礎上逐漸演變而來的。1998 年，「開放原始碼」這一術語被正式引入，標誌著一個新的時代，強調使用者擁有對軟體的自由使用、修改和分發的權利，以及原始碼的可獲取性。

開放原始碼的興起受到網際網路普及的推動，使得開發者能夠更方便分享他們的作品，並且與他人協作，這吸引了來自世界各地的貢獻者。此外，開放原始碼軟體的可見性和透明性讓使用者更易於信任這些程式。

許多知名的開源專案，如 Linux Kernel、Apache HTTP Server、MySQL、LibreOffice 辦公室軟體等，展示了開放原始碼的潛力，並在商業環境中也占有重要地位。開放原始碼的理念促進了技術創新和知識分享，使得開發者能夠快速迭代和改進軟體；以企業應用來說，許多企業發現開放原始碼模式不僅能降低開發成本，還能獲得社群的持續改進和創新，因此紛紛採用或貢獻開放原始碼專案。

即使一般使用者或進階使用者不會寫程式，「回報錯誤」或「提供建議」也是開放原始碼精神的一環。使用者的回報能幫助開發者識別和修正錯誤，並提供需

求和體驗的見解；開放原始碼社群鼓勵使用者提交錯誤報告和功能建議，促進交流和分享經驗，讓每個人都有機會參與技術的發展。

> 🐧
> {說明}　以筆者本身來說，大多數情況都是扮演使用者的角色而非開發者，如果發現軟體有問題時，可以透過這些專案的通報管道進行反應，但是這些開發者大多都是無給職（人總要生存），因此有問題的部分就要看開發者是否有空與心力來處理。

1.2 ┊ 作業系統與組成

學習目標 ☑ 能夠分辨作業系統與核心差異。

大家都在討論 Linux，甚至會把 Linux 當作是一個公司發行的商品，但其實這是有區別的，我們要分爲兩個部分來看，一個是「作業系統核心」（Kernel），另一個則是「發行版」（Distribution）的概念。

作業系統核心是作爲應用程式與硬體操作的重要橋梁，在開放原始碼的世界中，Linux 就是扮演了這個角色。Linux 本身的主要網站爲：URL https://www.kernel.org，透過這個網站，任何人都可以取得其原始碼。

1.2.1　什麼是 Linux

Linux 是一個自由、開放原始碼的作業系統核心（Kernel），由 Linus Torvalds 在 1991 年所開發，從圖 1-1 中我們可以理解到「Linux 的核心是管理硬體資源的配置」，使得應用程式可以操作硬體資源。然而，Linux 並不是一個完整的作業系統，而是在此之上加上系統函式庫、工具程式與其他軟體所組成的整合成果。

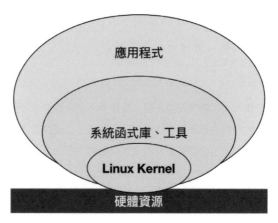

圖 1-1　作業系統包含了核心、函式庫工具與應用程式

　　舉例來說，當一個應用程式需要存取硬碟裡的資料時，它並不會直接存取硬碟，而是透過系統函式告訴系統核心需要哪些資料，然後系統核心再從硬碟中取得資料給應用程式使用，這樣的作業流程就像是一座橋梁，連接了應用程式和硬體。

1.2.2　作業系統

　　如圖 1-1 所示，Linux 只是作業系統中的核心（Kernel），還不足以成為一個完整的作業系統。因此，Linux 提供了系統函式庫和一些必要的工具程式（這些工具很多來自於 GNU Project），讓應用程式可以使用，整合後就可以成為一個完整的作業系統。

　　以下是 Linux 幾個吸引人的地方：

◆ **開放原始碼**：Linux 以 GPL 授權發布，任何人都可以自由地使用、複製、分發和修改其原始碼，這使得 Linux 具有高度彈性與可定制性。由於使用了 GPL 的授權，讓整個資訊產業得以快速發展，也讓 Linux 在應用更加廣泛。

◆ **多用途與跨平台**：Linux 可以安裝在各種硬體上，除了平常聽到的桌上型電腦、筆記型電腦、伺服器和嵌入式系統等，甚至你我使用的手機都可以使用 Linux 執

行。除此之外，還可以執行多種應用程式，如網路服務、資料庫、圖形介面和多媒體應用程式等。

◆ **安全性**：由於 Linux 的原始碼是開放的，所以各方高手可以透過各自技能發現與確認是否有安全性議題的存在，再進一步回報給開發人員修改。此外，Linux 社群是相當活躍的，能夠不斷更新和修補漏洞，使其更能抵擋新型態的攻擊。

◆ **低成本**：因為大家都可以自由取得 Linux 核心原始碼再加以應用，因此不需要支付昂貴的授權費用，這使得 Linux 成為企業、機關和個人等應用選擇之一。在硬體方面，Linux 也能夠執行在硬體等級比較低的裝置上，適合預算有限的使用者進行操作。

◆ **社群**：Linux 由全球的志願者共同開發和維護，他們不斷創新和改進 Linux 的功能和效能，使其能夠滿足不同使用者的需求。Linux 社群非常活躍，使用者可以在許多論壇和社群中獲得支援和解決問題。

從以上的幾個項目，我們能夠理解由於它的開放性、彈性和可定制性，並且在不同領域都有廣泛的應用，如伺服器、桌上型電腦、筆記型電腦、智慧型手機、平板電腦、嵌入式系統等都有使用 Linux 的蹤影。Linux 社群的活躍也促進了開源軟體（Open Source）的發展，使得許多優秀的開源軟體能夠在 Linux 上執行。

此外，Linux 也是許多大型公司的首選作業系統，除了我們常聽到的大型產業（如 Apple、AWS、Google、Facebook 等）之外，還有很多數以千萬計的組織與企業都在使用，它被廣泛用於資料中心、雲端運算、網路伺服器和超級電腦等大型計算機系統上。Linux 能夠提供穩定、高效、可擴充和安全的環境，使得企業可以更好地管理和運營他們的 IT 資源。

但是，Linux 在資訊產業被廣泛應用並不是一夜之間而成的，它需要開發者和使用者的貢獻和支持。Linux 社群不斷進行改進和優化，使得 Linux 成為現今世界上最受歡迎的作業系統之一。

1.3 ┊ 發行版差異與選擇

學習目標　☑ 瞭解什麼是發行版本。

☑ 能夠選擇合適的 Linux 發行版。

1.3.1　眾多的發行版

「Linux 發行版」（Distribution）是指在 Linux 作業系統核心（Kernel）的基礎上，將相關軟體套件和應用程式打包形成的產品或品牌。基於 Linux 作業系統的開放性和自由性，發行版可以依照特定的需求和使用場景進行調整和打包，例如：①以企業應用為主的 Red Hat Enterprise Linux；②以桌面應用為主的 Ubuntu Linux；③以完全自由之稱的 Debian 等。每個發行版都包含一系列的應用程式和系統工具，以滿足特定的使用者需求，通常發行版的名稱和開發商都會列在產品標籤或商標上。

發行版通常包含三個主要部分：

◆ **作業系統核心**：核心是 Linux 作業系統的最基礎部分，提供了系統的基本功能和管理硬體的能力。

◆ **系統函式庫與工具**：系統工具包括系統設定、軟體更新、網路設定、系統監控等項目，這些工具可以幫助使用者管理系統和應用程式。

◆ **應用程式**：應用程式則是發行版的主要賣點之一，常見的應用程式有瀏覽器、辦公軟體、多媒體播放器等，可以滿足不同使用者的需求。

在 Linux 生態系中，有一個非常重要的發行條款叫做「GPL License」，如我們在 1.1 小節所說明的，其主要精神在於「程式的原始碼應該要可以自由的散佈、使用，並且透過該原始碼修改而成的新成品也必須以 GPL License 進行發布」。因此，所有的 Linux 發行版大多都遵守這個原則，公開其原始碼，讓人們可以自由地使用、複製、修改和發布。

　　由於 GPL 的開放性，任何人都可以使用 Linux 的原始碼，進行修改和打包，形成自己的 Linux 發行版。事實上，這種基於開源原始碼的開發方式，已經產生了大量各種不同形式的發行版，每個發行版都有其獨特的特點和使用場景，例如：①基於 Red Hat Enterprise Linux 重新編譯而成的 Rocky Linux，專門用於企業級應用的版本；②基於 Debien Linux 修改而成的 Ubuntu Linux，提供了易用性和強大的套件管理功能，適合桌面和開發使用。除了這些廣受歡迎的發行版之外，還有許多特定用途或特定硬體平台上的發行版，如嵌入式裝置上執行的 OpenWrt、適用於科學計算和資料分析的 Fedora Scientific 等。

　　在不同的 Linux 發行版之間，最大的區別在於「包含的套件和應用程式的不同」以及「相應的系統設定和管理工具」。例如：Red Hat Enterprise Linux 會更注重安全性和穩定性，因此包含的應用程式和桌面應用工具會比 Ubuntu Linux 少，但是在企業應用、安全性和伺服器應用方面的表現更爲優秀；相反的，Ubuntu Linux 則更注重桌面應用和使用者體驗，因此包含更多的應用程式和工具，並且更易於上手和使用。

1.3.2　發行版的選擇

　　本書的重點目標在於協助讀者提供足夠廣泛的 Linux 管理技能，又能夠爲組織提供 Linux 作業系統的管理效益，因此選擇迎合企業應用爲主的發行版。

　　在企業應用的面向上，Red Hat Enterprise Linux（RHEL）爲大多企業都採納的發行版，其優點爲該發行版是由 Red Hat 公司所維護與開發。而在開放原始碼的精神下，有很多組織使用 RHEL 提供的原始碼再行編譯或重製，其所得到的整個系統運作邏輯和管理原則，與 RHEL 都有一定的相容性。

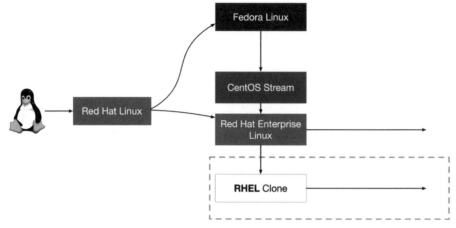

圖 1-2　RHEL 歷史與其再製版關係

　　由於筆者有幸在 Linux 發展初期就能碰到這個領域，針對企業應用上第一個採用的發行版，也是 Red Hat 公司出版的初代產品：「Red Hat Linux」（RHL），後因時間的推進與產業變化，現在則分為我們現在所知道的「Fedora Linux」與「Red Hat Enterprise Linux」（RHEL）發行版。

　　如先前所提到的，有眾多使用 RHEL 原始碼重製的發行版也出來了，其中一項就是「Rocky Linux」，此發行版保留了 RHEL 管理風格與應用機制較為容易上手，讀者在練習時也能夠免費取得 Rocky Linux 進行練習與應用。

1.3.3　關於 Rocky Linux

2021 年 6 月 Rocky Linux 正式推出 8.4 版本，Rocky Linux 是由先前許多人使用的 CentOS Linux 創始人之一 Gregory Kurtzer 所建立，因此在 Rocky Linux 中到處可以看到如同先前一樣的發行風格。

Rocky Linux 主要訴求是提供與 RHEL 相容的版本，所以有關操作、管理工具或是套件命名方式都與 RHEL 雷同，甚至相同。對於考量使用 RHEL 的使用者來說，可以使用 Rocky Linux 做先行評估、測試與驗證。

關於大家在意的產品支援期限來說，Rocky Linux 跟隨著 RHEL 的步調，從第一個主版本釋出開始，提供 10 年的更新支援（具體來說，是依 RHEL 的更新週期），由於該支援週期很長，也適合企業評估使用。

為了減少本書不必要的過多解釋篇幅，如果沒有特別說明的話，本書裡的 Linux 是指「Rocky Linux」發行版，「RHEL」是指 Red Hat 公司的「Red Hat Enterprise Linux」發行版產品。然而 Rocky Linux 的初始版本為第 8 版，筆者完成本書時的最新版本為 9.5，因此本書的某些部分也會提到以 RHEL 先前的版本來說明新管理機制的起點，讓讀者瞭解新的管理機制在哪個版本就開始提供了。

為了使本書的範例與說明有其一致性，筆者撰寫本書時使用 Rocky Linux 9.4 版本作為主軸，然而整個發行版的大版本為第 9 版，所以其管理風格應會保持一致。

1.4　安裝 Rocky Linux 9

學習目標　☑ 能夠使用 ISO 檔案在主機中安裝 Rocky Linux 9。

1.4.1　下載安裝 ISO 檔案

Rocky Linux 是一個很流行的發行版，官方網址為：URL https://rockylinux.org/。透過官方的「Download」下載頁面，可以取得最近版本的 ISO 檔案，這個 ISO 檔案可以用來安裝 Rocky Linux。

圖 1-3　Rocky Linux 官方網站下載 ISO 檔案

在臺灣也有 Rocky Linux 的鏡像站台，使用鏡像站台可以讓下載速度更快，以國家高速網路與計算中心來說，Rocky Linux 的下載位置為：URL https://free.nchc.org.tw/rocky/，讀者可以依需求與使用的架構來下載合適的 ISO 檔案。

在下載時，通常會有如下的命名規則：

◆ Rocky-{ 版本號 }-{ 系統架構 }-boot.iso：此版本只能拿來開機，安裝時所需要的套件會從網路或指定的位置取得，因此需要連接網路，檔案最小。

◆ Rocky-{ 版本號 }-{ 系統架構 }-minimal.iso：此版本安裝完成後為最小安裝，主要是讓作業系統能夠執行，並安裝必要的管理工具。

◆ Rocky-{ 版本號 }-{ 系統架構 }-dvd.iso：完整的發行版安裝套件，這個檔案可能會超過 10GB 以上，但它包含了整個 Rocky Linux 所有內建套件。

一般來說，每次 Rocky Linux 在更新版本也會更新 ISO 檔案（例如：9.4 更新到 9.5），所以如果有需要環境統一版本的需求時，建議下載 dvd 檔案並保留下來，以確保之後安裝的版本能夠對齊。

1.4.2 安裝流程

現在虛擬化的應用程式很多，包含 Linux KVM、VirtualBox 或 VMware Workstation Pro 等，都可以在桌面系統進行虛擬化練習，讀者可以依習慣自行選擇合適的軟體。

作業系統安裝的時候，需要先設定硬體環境，本例的練習環境如下：

◆ CPU：2 Core，建議最小的 CPU 核心數為 2 Core，以發揮硬體多核心效益。

◆ Memory：4GB，最小需求為 2GB，分配較多的記憶體可以提升運作效率。

◆ Disk：20GB，本例安裝示範為桌面環境，若要在正式環境上安裝桌面環境，至少提供 50 至 100GB 較為充足。

◆ 網路：預設 NAT，本例是使用虛擬機進行演練，使用 NAT 可以透過桌上型電腦連線網路較為方便。

設定好虛擬機器的規格後，以下為安裝參考流程：

Step 01 使用 ISO（或光碟）開機後，選擇「Install Rocky Linux 9.4」。

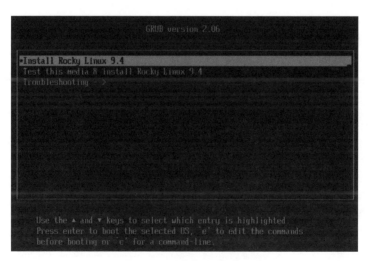

圖 1-4　選擇安裝作業系統

Step 02 選擇使用「英語」作為系統主要語系。

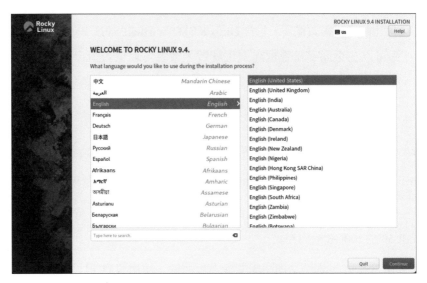

圖 1-5　使用英文作為主要語系

Step 03 安裝導覽中,需要確認每一個項目都有設定,紅色字樣的部分可以協助我們確認哪些地方需要進行處理。

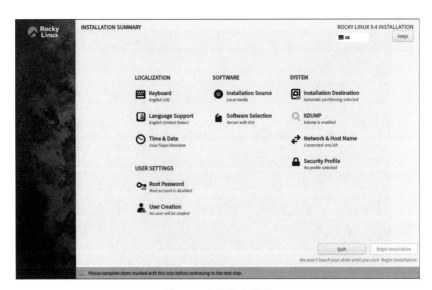

圖 1-6　安裝設定選項

Step 04 點選「Installation Destination」來設定系統安裝的位置。

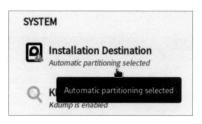

圖 1-7　系統安裝路徑選擇

Step 05 設定系統要安裝在哪一個磁碟，可以選擇「自動分配」或「自訂分配」。依本書的練習選擇「自動分配」，然後點選「Done」按鈕。

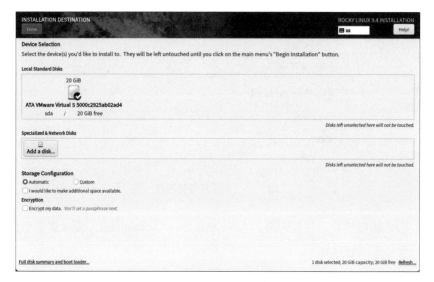

圖 1-8　選擇系統安裝磁碟

Step 06 點選「Root Password」來設定管理者密碼。

圖 1-9　選擇設定管理密碼

Step 07 在密碼欄位中填入要指定的密碼，並且允許 root 帳戶可以使用 ssh 遠端登入，完成後點選「Done」按鈕。

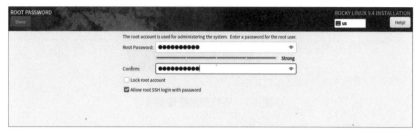

圖 1-10　設定 root 帳號密碼

Step 08 由於使用視窗介面需要使用一般帳號登入，因此要再建立一個一般使用者帳號。

圖 1-11　選擇新增使用者

Step 09 設定帳號資訊，並且勾選「Make this user administer」來允許這個使用者可以成為管理者。

圖 1-12　設定使用者帳戶

由於這個是系統上第一個帳戶，所以請務必把「Make this user administer」勾選，
{說明} 才可以讓這個使用者成為 root 管理者，否則就無法進行系統管理。

Step 10 選擇 SOFTWARE 裡的「Software Selection」來設定安裝類型。

圖 1-13　安裝類型

Step 11 本練習環境選擇「Server with GUI」。

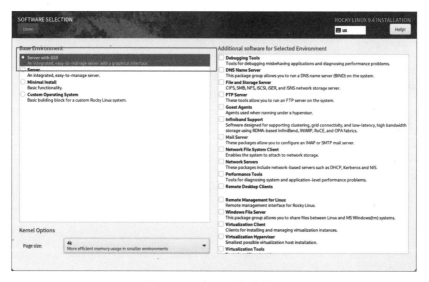

圖 1-14　選擇 GUI 操作模式

Step 12 一切就緒後，點選「Begin Installation」來開始安裝。

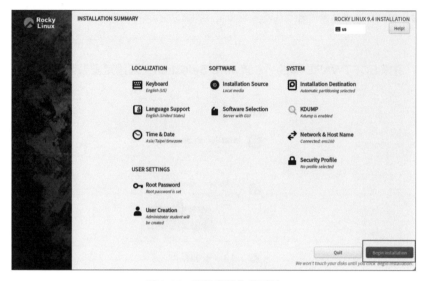

圖 1-15　開始安裝作業系統

Step 13 等待系統安裝完成。

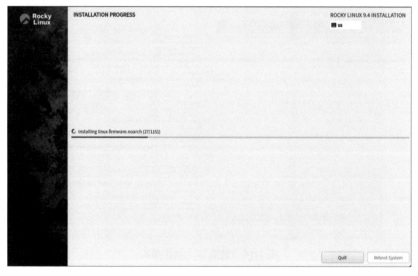

圖 1-16　系統安裝進度

Step 14 安裝完成後，點選「Reboot System」來重新開機。

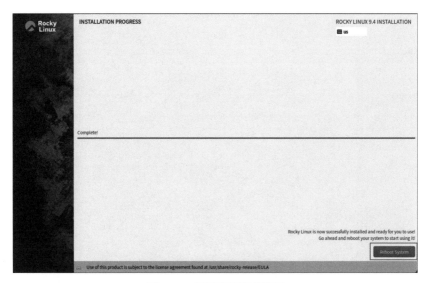

圖 1-17　系統安裝完成畫面

Step 15 重新開機後，會進入開機選單，選擇「Rocky Linux」進入系統。

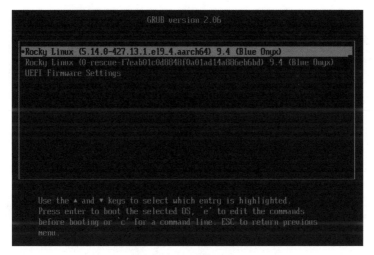

圖 1-18　選擇開機項目

Step 16 選擇剛才建立的使用者帳戶。

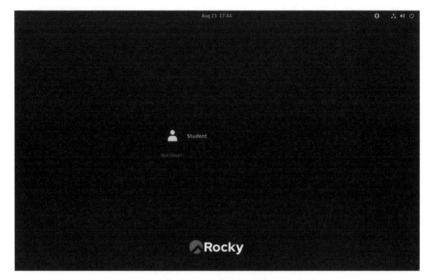

圖 1-19 選擇登入帳號

Step 17 輸入密碼來登入系統。

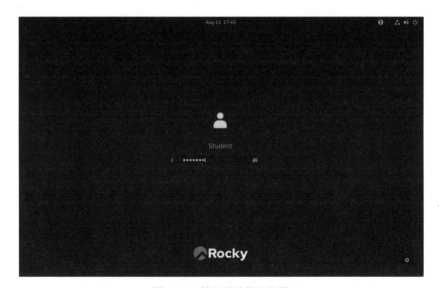

圖 1-20 輸入系統登入密碼

Step 18 點選「No Thanks」來跳離歡迎選項。

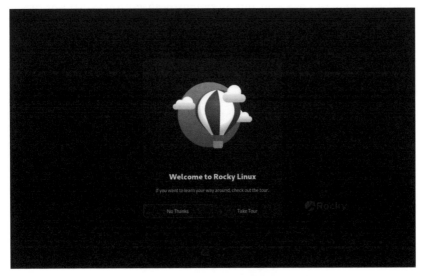

圖 1-21　首次登入歡迎畫面

> 關於語言選擇的部分，筆者通常選擇「英文」（English），這是因為 Linux 大多作為伺服器使用，而不像一般使用者直接操作，而且在正式環境中我們得到的硬體（或虛擬機器）資源都是有限且珍貴的，如果選擇其他語言，可能就要語言包，這會占用不少空間；另一原因是當指令有顯示訊息時，非原文的顯示通常要依賴翻譯品質，有時產生的訊息會讓人一頭霧水。在多方評估之下，如非必要，使用英文較為妥當。

1.4.3　下載先前版本

在企業內部的部署上，我們都會希望作業系統安裝後每一台主機都儘量相同，以符合一致性，爲了避免安裝時間的先後有版本不同的問題，就需要使用先前版本進行安裝。

對於先前版本的 Rocky Linux 安裝 ISO 檔來說，官方網站會將之移除，然後換上新版本檔案的連結。如果需要下載先前版本，可以到 Rocky Linux 的 vault 站台進

行下載，其主要的站台位置在：URL https://dl.rockylinux.org/vault/。以 Rocky Linux 9.0 來說，其下載位置是在：URL https://dl.rockylinux.org/vault/rocky/9.0/isos/x86_64/。

 一般來說，鏡像站台不會存放過往的版本 ISO 檔案，如果需要先前版本的話，就需
{說明} 要從本項的說明進行下載。

2

系統基本操作

■ ■ ■ ■ ■

本章可以看成是整本書的起點，在進行系統的管理作業時，我們需要具備基本的操作能力，然後再加以延伸和變化。

　　各小節會討論管理 Linux 時的基本操作方式，指令也比較多，一旦熟悉了這些基本操作，對於爾後的管理或設定都會有很大的幫助。

表 2-1　本章相關指令與檔案

重點指令與服務		重點工具
• ls	• mv	• vi/vim
• cat	• rm	• gzip/gunzip
• tac	• mkdir	• bzip2/bunzip2
• head	• rmdir	• xz/unxz
• tail	• find	• zstd
• touch	• set/env	• man/apropos
• less	• which	
• grep	• alias/unalias	
• cd		

2.1　系統操作環境

學習目標　☑ 瞭解如何辨識終端機所顯示的資訊。

　　　　　☑ 基本瞭解 Linux 指令操作生態。

　　　　　☑ 能夠快速切換身分成為系統管理員。

🐧 進入終端機程式

　　在操作 Linux 的時候，大多會以指令操作的方式進行管理，比較不會用圖形介面進行操作，有幾個方式可以進入終端機程式：

◆ **本機操作**：①在有視窗介面的情況下，開啓終端機程式；②在只有文字介面的情況下，就可以直接操作。

◆ **遠端操作**：使用遠端連線程成登入系統，若登入成功則可以開始操作。

　若是本機操作，代表有一組鍵盤滑鼠接上裝好 Linux 的電腦或主機開始操作，其操作內容除非刻意中斷或登出，系統不會自行登出，也不會中止執行中的程式；管理者若進行遠端操作，遇到連線中斷時，系統會把該帳號登出，其執行的程式也會中斷。

啟用終端機程式

　我們要在具有視窗介面的環境下啓用終端機程式：

`Step 01`　先點選左上方的「Activities」，再點選螢幕下方的終端機程式。

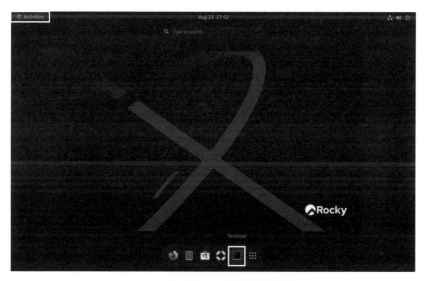

圖 2-1　在視窗介面開啟終端機程式

Step 02 如此就會開啟終端機程式，如下示範畫面。

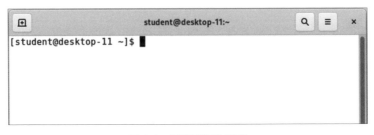

圖 2-2　終端機操作視窗

🐧 取得工作環境

　　不論是本機操作或是遠端操作，在登入成功後，都會得到一個工作環境，這個工作環境稱之為「Shell」，提供 Shell 的程式有很多種，大部分的 Linux 發行版是使用 Bash Shell 來提供工作環境。在 Shell 工作環境裡，我們可以執行程式、敲打指令或輸入一些指令稿，接著 Shell 會依據使用者的指示進行運作。

　　當我們成功登入系統後，Bash Shell 會在工作環境中，提供輸入介面等待管理者輸入相關的命令，在畫面上也會有一些資訊提供出來，其包含了下列資訊，如圖 2-2 所示：

◆ **登入帳號**：這個項目顯示登入的使用者帳號名稱，用來判別目前是使用哪一個帳號執行指令。

◆ **登入的主機名稱**：顯示帳號是在哪一個主機中，以便辨識操作的主機確實為目標主機。

◆ **所在路徑（最後一個目錄名稱）**：顯示目前工作路徑中的最後一個名稱，在 Linux 中我們會在不同的目錄切換工作路徑，它會顯示該完整路徑結構中的最後一層目錄名稱。當使用者一開始登入時，Shell 會把該使用者帶到自己所屬的家目錄，並以「~」符號表示，他們可以在家目錄自由建立自己的目錄與檔案。

◆ **管理身分**：若登入的身分為管理者 root 帳號，那麼提示字示會以「#」表示，其他的帳號會以「$」來表示，這樣就可以知道是用什麼身分操作系統。

操作指令時，通常會搭配一些參數進行運作，指令會依據這些參數進行處理。假設我們有一個指令名爲「foo」，該指令的用法可能如下：

```
foo -b
```

以上列表執行 foo 指令時，一併提供了 -b 參數，在這種情況下，單一減號「-」的表示方法，稱之爲「短參數」，在大部分的指令都有提供。

另一個看起來比較長，如下：

```
foo --bar
```

這代表執行 foo 指令時，一併提供了 --bar 參數，在這種情況下，兩個減號「--」的表示方法稱之爲「完整參數」，有些指令提供短參數與完整參數，來讓管理者自行運用。

完整參數較能夠明白該參數的用意，而短參數能夠快速操作該指令，有時同一個功能可以使用完整參數或短參數來完成，代表該程式同時支援兩種表示方法，但也有可能只支援其中一個，這完全要看該指令的設計。

2.2 檔案操作

學習目標　☑ 使用基本指令操作和檔案相關的作業。

☑ 基本瞭解 Linux 指令操作生態。

☑ 能夠快速切換身分成為系統管理員。

在本小節中，我們會開始學習常用指令的操作，主要介紹與檔案相關的操作，當然有一些指令一樣可以用來處理目錄，這會在目錄操作的章節中再次提到。

🐧 ls 指令

ls 顧名思義就是「列表」的意思，該指令會列出指定標的資訊，通常有三個情況：

◆ 若沒有提供標的名稱，則會列出目前工作目錄的內容。

◆ 若提供的標的為檔案，則會顯示該檔案的資訊。

◆ 若提供的標的為目錄，則會顯示該目錄的內容。

ls 指令在沒有任何參數的情況之下，會把標的項目顯示出來，例如：檔名或目錄名。若搭配 -l 參數，則會把標的資訊一併列出。

```
student$ ls -l /
total 24
dr-xr-xr-x.   2 root root    6 May 16  2022 afs
lrwxrwxrwx.   1 root root    7 May 16  2022 bin -> usr/bin
dr-xr-xr-x.   5 root root 4096 Feb 16  2023 boot
drwxr-xr-x.  21 root root 3320 Sep  5 01:51 dev
drwxr-xr-x.  78 root root 8192 Sep  8 23:59 etc
drwxr-xr-x.   3 root root   21 Feb 16  2023 home
lrwxrwxrwx.   1 root root    7 May 16  2022 lib -> usr/lib
lrwxrwxrwx.   1 root root    9 May 16  2022 lib64 -> usr/lib64
drwxr-xr-x.   2 root root    6 May 16  2022 media
drwxr-xr-x.   2 root root    6 May 16  2022 mnt
drwxr-xr-x.   2 root root    6 Sep  5 01:53 mydata
drwxr-xr-x.   2 root root    6 May 16  2022 opt
dr-xr-xr-x. 196 root root    0 Sep  5 01:50 proc
dr-xr-x---.   2 root root  173 May 12 01:17 root
drwxr-xr-x.  25 root root  760 Sep  5 01:51 run
lrwxrwxrwx.   1 root root    8 May 16  2022 sbin -> usr/sbin
drwxr-xr-x.   2 root root    6 May 16  2022 srv
dr-xr-xr-x.  13 root root    0 Sep  5 01:51 sys
drwxrwxrwt.  10 root root 4096 Sep  9 00:54 tmp
drwxr-xr-x.  12 root root  144 Feb 16  2023 usr
drwxr-xr-x.  19 root root 4096 Feb 16  2023 var
```

以上的輸出資訊包含如下項目：

◆ 權限。

◆ 連結次數。

◆ 物件擁有者。

◆ 物件群組。

◆ 大小，通常爲 bytes 顯示，可以使用 -m 以 MB 顯示，或是使用 -h 自動轉換單位。

◆ 該檔案內容修改時間。

◆ 檔案名稱。

ls 指令也可以配合 Shell 的檔名匹配功能一起使用。若我們要列出 /etc/ 目錄中所有以「.conf」爲副檔名的檔案，可使用下列指令：

```
student$ ls /etc/*.conf
/etc/asound.conf      /etc/libaudit.conf     /etc/resolv.conf
/etc/chrony.conf      /etc/libuser.conf      /etc/rsyncd.conf
/etc/dnsmasq.conf     /etc/locale.conf       /etc/rsyslog.conf
/etc/dracut.conf      /etc/logrotate.conf    /etc/sensors3.conf
/etc/e2fsck.conf      /etc/man_db.conf       /etc/sestatus.conf
/etc/GeoIP.conf       /etc/mke2fs.conf       /etc/sudo.conf
/etc/host.conf        /etc/nfs.conf          /etc/sudo-ldap.conf
/etc/idmapd.conf      /etc/nfsmount.conf     /etc/sysctl.conf
/etc/kdump.conf       /etc/nsswitch.conf     /etc/tcsd.conf
/etc/krb5.conf        /etc/numad.conf        /etc/vconsole.conf
/etc/ksmtuned.conf    /etc/radvd.conf        /etc/yum.conf
/etc/ld.so.conf       /etc/request-key.conf
```

🐧 cp 指令

cp 指的是「複製」，這裡使用 cp 來複製檔案，cp 運作時必須提供兩個項目，一是「來源檔案」，二是「目標檔名」，如果不想更改檔名，則可以使用目錄，來表示要將指定的檔案複製到哪一個目錄。

透過一個簡單的操作，將 /etc/passwd 複製到 /tmp/，指令操作如下：

```
student$ cp /etc/passwd /tmp/
```

若要將 /tmp/passwd 複製成 /tmp/sample，操作如下：

```
student$ cp /tmp/passwd /tmp/sample
```

🐧 head 指令

head 指令可以顯示指定檔案的前幾行，預設為 10 行。配合 -n 參數，可以設定行數。

透過下列操作，可以顯示 /etc/passwd 的前 10 行：

```
student$ head /etc/passwd
root:x:0:0:root:/root:/bin/bash
bin:x:1:1:bin:/bin:/sbin/nologin
daemon:x:2:2:daemon:/sbin:/sbin/nologin
adm:x:3:4:adm:/var/adm:/sbin/nologin
lp:x:4:7:lp:/var/spool/lpd:/sbin/nologin
sync:x:5:0:sync:/sbin:/bin/sync
shutdown:x:6:0:shutdown:/sbin:/sbin/shutdown
halt:x:7:0:halt:/sbin:/sbin/halt
mail:x:8:12:mail:/var/spool/mail:/sbin/nologin
operator:x:11:0:operator:/root:/sbin/nologin
```

若要顯示 /etc/passwd 的前 3 行，指令如下：

```
student$ head -n 3 /etc/passwd
root:x:0:0:root:/root:/bin/bash
bin:x:1:1:bin:/bin:/sbin/nologin
daemon:x:2:2:daemon:/sbin:/sbin/nologin
```

tail 指令

tail 指令可以顯示檔案的最後幾行，預設為 10 行。配合 -n 參數，可以設定行數。

要顯示 /etc/passwd 的最後 10 行，指令如下：

```
student$ tail /etc/passwd
rpc:x:32:32:Rpcbind Daemon:/var/lib/rpcbind:/sbin/nologin
qemu:x:107:107:qemu user:/:/sbin/nologin
gluster:x:997:995:GlusterFS daemons:/run/gluster:/sbin/nologin
radvd:x:75:75:radvd user:/:/sbin/nologin
tss:x:59:59:Account used by the trousers package to sandbox the tcsd
daemon:/dev/null:/sbin/nologin
saslauth:x:996:76:Saslauthd user:/run/saslauthd:/sbin/nologin
rpcuser:x:29:29:RPC Service User:/var/lib/nfs:/sbin/nologin
nfsnobody:x:65534:65534:Anonymous NFS User:/var/lib/nfs:/sbin/nologin
chrony:x:995:992::/var/lib/chrony:/sbin/nologin
powercheck:x:1000:1000::/home/powercheck:/bin/bash
```

若要顯示 /etc/passwd 的最後 3 行，指令如下：

```
student$ tail -n 3 /etc/passwd
nfsnobody:x:65534:65534:Anonymous NFS User:/var/lib/nfs:/sbin/nologin
chrony:x:995:992::/var/lib/chrony:/sbin/nologin
powercheck:x:1000:1000::/home/powercheck:/bin/bash
```

cat 指令

cat 指令能夠把檔案內容從第一行到最後一行輸出到畫面上。

以下示範使用 cat 指令，將 /etc/passwd 從第一行開始一口氣輸出到螢幕畫面：

```
student$ cat /etc/passwd
```

🐧 tac 指令

和 cat 指令相反，tac 指令是把檔案內容從最後一行到第一行輸出到畫面上。

以下示範使用 tac 指令，將 /etc/passwd 從最後一行開始一口氣輸出到螢幕：

```
student$ tac /etc/passwd
```

🐧 less 指令

less 指令必須提供檔案名稱，以分頁的方式顯示到畫面上，進入 less 後常用的幾個操作如下：

- **離開 less**：按下鍵盤上的 q。
- **跳到第 1 行**：按下鍵盤上的 1G。
- **跳到最後行**：按下鍵盤上的 G。
- **尋找含有 hello 的行**：輸入「/」，再輸入「hello」，最後按下 Enter 鍵。此時再按下 n，可以跳到下一個結果。

透過下列方式，使用 less 查看 /etc/passwd 檔案內容：

```
student$ less /etc/passwd
```

🐧 touch 指令

touch 指令就如同該名稱一樣，「觸碰」一下指定的檔案。touch 原意為「修改指定檔案的時間戳記」，檔案上的存取時間、內容異動時間與更新時間都會被設為執行 touch 當下的時間。若在執行 touch 的時候，有提供指定的時間，那麼物件的時間會修改為指定的時間。

雖然 touch 為修改時間戳記的方法，但若是指定物件不存在，則在權限足夠的情況下，就會產生新的空白檔案，而使用 touch 產生空白檔案，是最常被應用的情境。

使用 touch 建立 myfile 檔案

假設我們使用 ls 查看目錄上的 myfile 檔案：

```
student$ ls -l myfile
```

因為沒有 myfile 檔案，所以會出現下列錯誤訊息：

```
ls: cannot access myfile: No such file or directory
```

接著，使用 touch 建立 myfile 檔案：

```
student$ touch myfile
```

再使用 ls 查看：

```
student$ ls -l myfile
```

現在我們就可以看到剛剛建立的 myfile 檔案了：

```
-rw-r--r--. 1 student student 0 Jan 19 09:36 myfile
```

修改為指定的時間戳記

我們要將 myfile 時間戳記修改為「2021-01-01 01:00:00」，可以先查看 myfile 現行的時間：

```
student$ls -l myfile
```

此時會顯示修改前的時間：

```
-rw-r--r--. 1 student student 0 Jan 19 09:33 myfile
```

再使用 -d 參數指定要修改成指定的時間：

```
student$ touch -d "2021-01-01 01:00:00" myfile
```

使用 ls 再次查看 myfile 檔案：

```
student$ ls -l myfile
```

時間被修改為指定的時間戳記：

```
-rw-r--r--. 1 student student 0 Jan  1  2021 myfile
```

🐧 mv 指令

mv 指令為移動的縮寫，主要可以應用以下兩個情境：

將目標檔案移動到新的位置

透過下列練習，先產生 myfile 檔案，然後把 myfile 移動到 /tmp/ 目錄中。

使用 touch 建立檔案：

```
student$ touch myfile
```

使用 mv 該檔案移到 /tmp/ 目錄裡：

```
student$ mv myfile /tmp/
```

使用上面的指令，我們可以把指定的檔案移動位置。

將目標檔案重新命名

mv 也可以用來做重新命名，要完成這個練習，則我們先產生一個檔案，然後再把它重新命名。

查看現行目錄，沒有 myfile2 檔案：

```
student$ ls -l myfile2
ls: cannot access myfile2: No such file or directory
```

再使用 touch 建立 myfile 檔案，再用 mv 重新命名：

```
student$ touch myfile
student$ mv myfile myfile2
```

再次查看是否有 myfile2 檔案：

```
student$ ls -lh myfile2
```

此時就會有 myfile2 檔案：

```
-rw-r--r--. 1 root root 0 Aug 23 16:37 myfile2
```

🐧 rm 指令

rm 指令能夠刪除指定的檔案，也可以使用「*」符號來表示所有字元。搭配 -i 參數，可以在實際刪除之前再次進行確認，或是使用 -f 參數強制刪除。

搭配 -i 參數在實際刪除之前進行確認

透過一個簡單的練習，我們先產生 myflie 檔案，然後在刪除前詢問是否確定執行。

先建立 myfile 檔案：

```
student$ touch myfile
```

使用 -i 參數在刪除之前先詢問：

```
student$ rm -i myfile
```

再輸入「y」（此時可以使用 Ctrl + C 鍵反悔）：

```
rm: remove regular empty file 'myfile'? y
```

接著再使用 ls 確認該檔案已經刪除完成：

```
student$ ls -l myfile
ls: cannot access myfile: No such file or directory
```

使用 -f 參數強制刪除

當我們想要在不進行任何確認的情況下強制刪除檔案，就可以透過 -f 參數來完成。

首先，我們需要建立一個名為「myfile」的檔案：

```
student$ touch myfile
```

再使用 -f 刪除，此時不會再確認：

```
student$ rm -f myfile
```

再次查看該檔案，會出現找不到檔案的訊息。

```
student$ ls -l myfile
ls: cannot access myfile: No such file or directory
```

🐧 grep 指令

在日常的檔案處理工作中，我們希望能夠從指定的檔案中篩選出我們所關心的字串，並將結果顯示在螢幕上。透過 grep 就能快速達成所需，再透過搭配不同的參數，以更靈活調整輸出方式。以下是一些常用的參數：

◆ -n：有時我們不僅需要找到某個字串，還需要知道它在檔案中的哪一行。-n 參數便提供了這種功能，它會列出每個符合條件的字串所位於的行號，讓我們能夠迅速定位到該字串的位置。

◆ -A：代表 After 的縮寫，若希望能夠檢示匹配到的字串後幾行內容，以便確認找到的字串是我們要的，則可以使用 -A 參數一併顯示匹配結果後的指定行數，像是尋找設定檔關鍵字或檢視記錄檔時很常用到。

◆ -B：為 Before 的縮寫，它與 -A 參數相反，-B 參數則是一併顯示匹配字串的前幾行內容。

◆ -v：通常使用 grep 來尋找匹配的字串，但有時我們要反向查看不符合條件的行，就可以使用 -v，它會篩選掉所有匹配的行，只顯示不符合條件的部分。

以上參數的搭配使用，能夠提升各種檔案的處理需求。無論是搜尋字串、分析紀錄檔案，還是篩選特定內容都相當實用。

列出指定條件的行

在這個練習中，我們將列出 /etc/passwd 裡包含 ftp 字串的行，並列出該行的前 1 行與後 2 行。指令如下（由於印刷的關係無法顯示顏色，筆者以粗體表示被 grep 選中的部分）：

```
student$ grep -B 1 -A 2 ftp /etc/passwd
games:x:12:100:games:/usr/games:/sbin/nologin
ftp:x:14:50:FTP User:/var/ftp:/sbin/nologin
nobody:x:99:99:Nobody:/:/sbin/nologin
systemd-network:x:192:192:systemd Network Management:/:/sbin/nologin
```

檢視行號

有了輸出結果，使用 -n 明確檢視 ftp 在指定檔案的行號。指令如下：

```
student$ grep -n ftp /etc/passwd
```

以下輸出結果中，將在行首帶上行號：

```
12:ftp:x:14:50:FTP User:/var/ftp:/sbin/nologin
```

2.3 ┊ 檔案系統階層標準

學習目標 ☑ 瞭解 Linux 檔案系統階層標準與其用意。

要在 Linux 中自由切換不同目錄，並且快速找到自己要的檔案，就要先瞭解 Linux 的目錄結構。在 Linux 中，不像 Microsoft Windows 一樣有多個磁碟根目錄，所有的檔案或目錄都是位於系統根目錄（/）下，沒有其他目錄會與根目錄平行。

Linux 的目錄結構可以看成一棵樹，最上層為「/」，我們稱之為「根目錄」，所有目錄或檔案都是在該項目之下。在「/」下會有基本的子目錄，用來存放特定類別的項目，關於「/」之下的子目錄有其參考標準，該標準為——檔案系統階層標準（Filesystem Hierarchy Standard，FHS），目前是由 Linux 基金會進行維護。

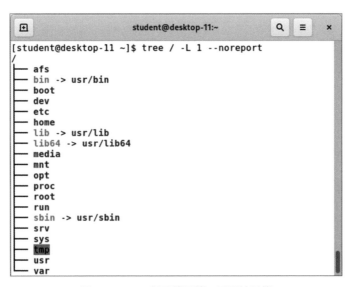

圖 2-3　Linux 根目錄下第一層系統目錄

表 2-2　系統目錄說明

路徑	主要用途
/boot/	Linux 核心檔案存放的位置，也放置開機所需要的設定檔案。
/etc/	作業系統、應用程式與服務設定檔放置的位置。
/bin/	放置一般的可執行檔，大部分是會使用到的指令，連結到 /usr/bin/ 目錄。
/sbin/	放置和系統管理有關的可執行檔，用來管理系統相關的指令，連結到 /usr/sbin/ 目錄。
/root/	系統管理者 root 的家目錄。
/home/	一般使用者的家目錄位置，每個帳號會在 /home/ 目錄中產生自己的可用目錄。
/usr/	Unix System Resource 之縮寫，程式安裝路徑可以看成 Windows 的 Program Files 目錄。
/var/	系統或服務產生的動態檔案，如系統記錄檔、資料庫實體檔等。
/lib/	系統函式庫存放的位置。
/lib64/	系統函式庫存放的位置，主要為 64 位元函式庫。

路徑	主要用途
/proc/	作業系統核心資訊的目錄，此目錄內容為 kernel 自動產生，而非實際存在的目錄，關機後會不見。
/sys/	硬體周邊參數設定的目錄。
/tmp/	暫存檔存放路徑，此目錄中所有人都可以放置檔案或目錄，但只能刪除自己建立的物件。

上述的表格中，我們可以看到幾個主要分類：

◆ **家目錄**：所謂的「家目錄」是指使用者登入到系統後可以自由存取的目錄，在 Linux 中一般帳號與 root 帳號的家目錄路徑是不一樣的，使用者帳號統一放在 /home/ 裡的帳號目錄，root 管理者是在 /root/ 目錄中。

◆ **可執行檔案**：可執行檔分為「一般執行檔位置」（/bin/ 或 /usr/bin/）與「系統管理層級的執行檔位置」（/sbin 或 /usr/sbin/），主要分別是在 sbin 裡的大多為影響系統運作的工具程式。

◆ **主要設定檔**：會影響系統或服務運作的設定檔大多放在 /etc/ 目錄中，一旦設定之後，很少再異動的設定檔大多存放在這個目錄裡。

◆ **動態檔案目錄**：經常異動的檔案，如快取檔案、資料庫實體檔、電子郵件等常常變動的檔案，大多放在 /var/ 目錄裡。

2.4 目錄操作

學習目標　☑ 能夠自由切換工作目錄。

☑ 瞭解家目錄的表示方法。

☑ 能夠操作目錄。

當我們瞭解了目錄架構後，就可以開始進行目錄操作作業。

🐧 cd 指令

　　cd 是用來協助使用者切換到不同的工作目錄，這在大多數的發行版都是通用的。在 Linux 中，如果沒有提供目標目錄，那麼預設會回到帳號家目錄。

　　在目錄的表示方面，若是以「/」開頭表示，則通常代表「絕對路徑」（從最原頭開始表示）；若是省略了最開頭的「/」，則代表「相對路徑」。相對路徑是指和目前所在的位置相比較，若是搭配「../」符號，則代表「上一層目錄」，而「./」（有時候也會省略）是代表「從目前所在路徑開始」。

　　以下的表示方法都是以絕對路徑表示，如 /etc/sysconfig/、/home/student/。大部分的 Shell 都能夠很聰明地判別要切換的目標是否為目錄，在目錄的表示上通常會以「/」做結尾；若是沒有「/」的話，表示該目標為檔案，則無法使用 cd 切換。

切換工作路徑

　　以下示範工作路徑切換到 /etc/ 目錄：

```
student$ cd /etc/
```

　　接下來使用 pwd 來查看目前所在的目錄位置：

```
student$ pwd
/etc
```

回到家目錄

　　有時我們會在系統各個目錄中切換，若要回家目錄的話，可以使用兩種常用的方式，第一種為使用 cd 指令，第二種為使用「~」符號。

　　使用 cd 指令直接回到家目錄：

```
student$ cd
```

或是使用家目錄符號「~」：

```
student$ cd ~
```

再查看目前所在位置：

```
student$ pwd
/home/student
```

>
> {說明} 實際操作的情況下，作業系統會聰明地自動分辨其為檔案或目錄，不需要以「/」結尾來代表目錄，但是以製作文件（如操作手冊）的可閱讀性來看，在結尾使用「/」來表示目錄，可以讓大家快速辨別這個檔案的類別。

🐧 mkdir 指令

mkdir 是指「新增目錄」的意思，在指令後面可以接一個或多個目錄，mkdir 就能夠把這些目錄建立出來。在預設情況下，mkdir 只能建立在已經存在的目錄下，若建立多層次的目錄，則要搭配 -p 參數，才會把中間層的目錄一併產生。

在已存在目錄下新增目錄

假設要在目前所在位置建立 lab/ 目錄，指令如下：

```
student$ mkdir lab/
```

再使用 ls 查看：

```
student$ ls -d lab/
lab
```

建立一個多層次的目錄結構

要建立一個多層次的目錄結構的話，我們除了一層一層建立目錄之外，還可以使用 -p 參數一口氣把中間缺少的目錄也一併產生。

以下示範建立 lab2/dir1/ 目錄：

```
student$ mkdir -p lab2/dir1/
```

🐧 rmdir 指令

rmdir 是用來刪除空目錄的工具，所以當要刪除的目錄裡面包含其他檔案（不論是目錄或檔案），則 rmdir 都會無法刪除。

使用下列方法，可以把 lab/ 目錄刪除：

```
student$ rmdir lab/
```

因為 lab2/ 中包含了一個子目錄，所以無法刪除：

```
student$ rmdir lab2/
rmdir: lab2: Directory not empty
```

由上得知，若要刪除帶有子檔案或目錄的目錄，則無法使用 rmdir，此時就要使用 rm 指令來完成。

🐧 rm 指令

若是遇到目標目錄裡面有其他物件存在時，可以使用 rm 指令搭配 -r 參數，此時 rm 會先把最後一層內的檔案刪除，直到完全清空後，再把目標目錄刪除。

使用下列方法，可以把 lab2/ 與其子目錄與檔案一併刪除：

```
student$ rm -r lab2/
```

🐧 mv 指令

與檔案的 mv 功能相同，可以移動目錄或是把目錄重新命名。

2.5 ┆ 檔案搜尋

學習目標　☑ 能夠在目錄中找到指定的檔案。

　　　　　☑ 瞭解環境變數與一般變數差別。

　　　　　☑ 瞭解路徑變數用途。

在 Linux 系統中，檔案眾多且高度分散，這些主要以檔案、目錄、連結等多種形式存在。在這個龐大的系統中找出一個特定的目標檔案，幾乎就像是大海撈針，手動瀏覽每個目錄是相當耗時且低效。同時 Linux 指令也是一個令人頭痛的問題，它們既可以是實體檔案，也可以是內建指令、別名或函式。

因此，在本小節裡將探討如何在 Linux 環境中有效找出檔案和指令。我們將介紹常用工具，包括 find、which、alias 和 type，這些工具不僅能幫助使用者迅速找到檔案和目錄的確切位置，還能識別指令是以何種形式（如內建指令、別名或函式）存在。綜合這些方法，管理員將能更加精確和高效地管理 Linux 系統的各種資源。

2.5.1　尋找檔案

要在大量檔案中找出特定的檔案，可以使用 find 指令來完成這個任務。

🐧 find 指令

通常我們會使用 find 指令再配合適當的參數，以增加尋找檔案的準確度。

表 2-3　常用參數列表

參數	功用
-mtime	+n 代表幾天前修改，-n 為幾天內修改。
-mmin	+n 幾分鐘前修改，-n 為幾分鐘內修改。
-type	f 檔案，d 目錄，-l 連結。
-name	指定檔案的名稱，大小寫相符。
-iname	指定檔案的名稱，不分大小寫。

搭配上述參數，我們可以完成幾個操作時會使用到的應用：

列出所有的檔案列表

在檔案更新的應用上，如果需要在更新前後把檔案與目錄列表出來，以供差異比較，那麼可以直接使用 find 加目標路徑，它會列出所有的檔案列表。

使用下列方式，顯示 /etc/ 下所有的檔案列表：

```
student$ sudo find /etc/
/etc/
/etc/fstab
/etc/crypttab
/etc/mtab
/etc/resolv.conf
/etc/grub.d
/etc/grub.d/00_header
/etc/grub.d/01_users
/etc/grub.d/10_linux
/etc/grub.d/20_linux_xen
~ 略 ~
```

只列出檔案或目錄

如果只要顯示檔案類型，那麼我們可以加上 -type f 參數，這樣就只會列出「檔案」的項目。

找出在 /etc/ 目錄中的所有檔案，指令如下：

```
student$ sudo find /etc/ -type f
/etc/fstab
/etc/crypttab
/etc/resolv.conf
/etc/grub.d/00_header
/etc/grub.d/01_users
/etc/grub.d/10_linux
/etc/grub.d/20_linux_xen
/etc/grub.d/20_ppc_terminfo
/etc/grub.d/30_os-prober
/etc/grub.d/40_custom
~ 略 ~
```

同理，使用 -type d 則列出「目錄」，指令如下：

```
student$ sudo find /etc/ -type d
/etc/
/etc/grub.d
/etc/terminfo
/etc/skel
/etc/alternatives
/etc/chkconfig.d
/etc/rc.d
/etc/rc.d/init.d
/etc/rc.d/rc0.d
/etc/rc.d/rc1.d
```

以部分關鍵字來尋找檔案

除了檔案類型，有時只記得檔案的部分關鍵字，例如：「network」是我們記得的檔案名稱，此時可以加上「不分大小寫的檔名」來尋找。

透過加上 -iname 參數，找出檔名為「network」的檔案：

```
student$ sudo find /etc/ -type f -iname 'network'
/etc/rc.d/init.d/network
/etc/sysconfig/network
```

若是只記得檔名中的部分名稱的話，find 支援萬用字元「*」。假設要找出部分檔名為「network」，可使用這個功能可以找出如下的檔案：

◆ 以 network 為首的檔名：network*。

◆ 以 network 為結尾的檔名：*network。

◆ network 在檔案名稱中間：*network*。

透過下列方式，找出部分檔名是「network」的檔案：

```
student$ sudo find /etc/ -type f -iname '*network*'
/etc/rc.d/init.d/network
/etc/dbus-1/system.d/org.freedesktop.NetworkManager.conf
/etc/NetworkManager/NetworkManager.conf
/etc/networks
/etc/sysconfig/network-scripts/network-functions
/etc/sysconfig/network-scripts/network-functions-ipv6
/etc/sysconfig/network
```

以檔案異動時間來尋找檔案

對於檔案異動時間來說，會需要找出最近幾天修改，或最近幾日（分鐘）被修改，可以使用 -mtime 或 -mmin 等參數來做處理，-mtime 尋找的單位為「日」，

-mmin 尋找的單位爲「分鐘」。要找出單位前（如 3 日前），則參數值爲「+3」；若要找出單位後（如 3 日內），則參數值爲「-3」。

透過下列指令，找出在 /etc/ 裡 3 日前被修改的檔案：

```
student$ sudo find /etc/ -mtime +3
/etc/fstab
/etc/crypttab
/etc/mtab
/etc/resolv.conf
/etc/grub.d
/etc/grub.d/00_header
/etc/grub.d/01_users
/etc/grub.d/10_linux
~ 略 ~
```

若要找出 3 分鐘內被修改的檔案，則可以使用「-mmin -3」來處理。要檢驗這個參數的結果，我們要先建立一個測試檔案以便確認。

建立 /etc/mytest 檔案：

```
student$ sutdo touch /etc/mytest
student$ sudo find /etc/ -type f -mmin -3
/etc/mytest
```

透過上列流程，我們可以驗證 -mmin 與 -time 的特性，找出特定時間修改的檔案。

find 提供的參數眾多，如需要更進階的使用方式，可以查看系統中有關 find 的說明手冊：

```
student$ man find
```

2.5.2 區域變數與環境變數

在理解 Bash 如何找到這些指令位置之前，有必要先掌握環境變數和區域變數的概念。環境變數在整個系統中具有全域性，而區域變數則在目前 Shell 或腳本中有效，這些變數的設定直接影響指令的搜尋路徑和執行方式。我們可以使用 env 和 set 指令來查詢系統中目前設定的變數：

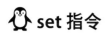 **env 指令**

列出目前 Shell 會話中的環境變數，這些變數是系統登入時為使用者設定的，並且在該 Shell 及其啟動的子進程中有效。對於系統管理員來說，這些變數通常涉及到系統的基本配置，例如：路徑、語言設定和登入訊息等。

若要查看系統環境變數，直接執行 env 指令：

```
student$ env
SHELL=/bin/bash
HISTCONTROL=ignoredups
HISTSIZE=1000
HOSTNAME=localhost
PWD=/home/student
LOGNAME=student
XDG_SESSION_TYPE=tty
MOTD_SHOWN=pam
HOME=/home/student
LANG=en_US.UTF-8
~ 以下略 ~
```

 set 指令

顯示所有在目前 Shell 中定義的變數和函式，包括環境變數和區域變數，這不但包括系統預設的變數，還包括使用者在登入後自行設定的個人變數。

使用 set 指令來檢視使用者的個人變數：

```
student$ set
BASH=/bin/bash
BASHOPTS=checkwinsize:cmdhist:complete_fullquote:expand_aliases:
extquote:force_fignore:globasciiranges:histappend:hostcomplete:
interactive_comments:login_shell:progcomp:promptvars:sourcepath
BASHRCSOURCED=Y
BASH_ALIASES=()
BASH_ARGC=([0]="0")
BASH_ARGV=()
BASH_CMDS=()
BASH_LINENO=()
BASH_REMATCH=()
BASH_SOURCE=()
~ 以下略 ~
```

🐧 set 與 env 的關係

經過 set 與 env 的輸出，可以大略看出 set 有較大量的資訊，而且包含 env 裡的環境變數，現在我們可以透過一些方式來查看 set 與 env 的關係。

分別查看 env 與 set 是否有 myname 變數

在下列的指令中，會檢查環境變數中是否有 myname 這個變數：

```
student$ env | grep myname
```

在預設的情況下，應該沒有任何的訊息輸出。

接下來使用相同的方式，在 set 中是否有 myname 變數：

```
student$ set | grep myname
```

在預設的情況下，應該也會像 env 一樣沒有任何的訊息輸出。

接下來我們設定一個值為「hello」，並且使用 myname 變數將它儲存起來：

```
student$ myname=hello
```

接著分別查看 env 與 set 是否有 myname 變數，我們先查看 set：

```
student$ set | grep myname
myname=hello
```

再查看 env 的輸出：

```
student$ env | grep myname
```

從上面的結果可以知道，我們自訂的變數會存在 set 中，而不會存在環境變數裡。若要將自訂變數儲存到環境變數中，則需要使用 export 方式，使它成為全域的環境變數。

使用下列方式將 myname 轉為環境變數，作法如下：

```
student$ export myname
```

再次查看 env 中是否有 myname 變數：

```
student$ env | grep myname
myname=bob
```

從上面的例子可瞭解，除非變數透過 export 轉變為環境變數，否則 env 是看不到它的。那麼我們為什麼需要把 export 放到 env 呢？什麼時候需要使用這個方法？

由於環境變數可以讓不同的程式之間共享資訊，所以當需要多個程式共用同一個變數時，就必須將這個變數轉為環境變數；否則，這個變數只會在目前執行的程式中有效，其他程式將無法取得這個資訊。

使用 set 指令時，可以看到目前 Shell 會話中的所有變數，包括環境變數和區域變數，這代表 set 列出的內容不僅包含了目前 Shell 定義的區域變數，也包含了從父進程繼承（export）來的環境變數。

2.5.3　找出程式檔案位置

在 Linux 環境的命令列中輸入指令時，這些指令可能以多種形式存在，包括實際的檔案、內建指令、函式或別名（alias）。這些指令能夠被直接執行，是因為 Bash 使用了系統環境變數來定位它們的位置，如果需要確認某個指令究竟是哪個程式被執行，可以使用 which 指令來顯示該程式的具體位置。

🐧 which 指令

「了解指令的位置」是日常操作中的一個重要環節，尤其是處理多個相似指令或進行系統調整時。例如：可能有多個版本的同一個指令安裝在系統不同的位置，使用 which 可以幫助確認目前使用的是哪一個版本。

which 使用 $PATH 環境變數找出指令檔案存在的位置。$PATH 是一個重要的環境變數，用於定義系統會到哪些目錄下尋找指令。當我們輸入一個指令如 ls，系統會按照 $PATH 中的目錄順序來尋找這個指令。

以下我們試著檢視 $PATH 變數：

```
student$ echo $PATH
/home/student/.local/bin:/home/student/bin:/usr/local/bin:/usr/bin:/
usr/local/sbin:/usr/sbin
```

從上面的輸出來看，以冒號（:）作為分欄符號，其中的每個目錄路徑就是系統尋找指令的位置，這些位置會有先後順序，如果同一指令在兩個目錄中出現，那麼先找的就會先執行，後面的就不會執行。

我們使用 which 指令來查看 env 指令確切的所在位置：

```
student$ which env
/usr/bin/env
```

從上面的輸出中，得到 env 指令的執行位置：/usr/bin/env。

為了更加瞭解 $PATH 與路徑的關係，我們試著修改 $PATH 變數，以便驗證。

透過下列方式，在原有的 $PATH 前面加入「~/mybin/」：

```
student$ PATH=~/mybin:$PATH
```

然後檢視新的 $PATH 變數：

```
Student$ echo $PATH
/home/student/mybin:/home/student/.local/bin:/home/student/bin:/usr/
local/bin:/usr/bin:/usr/local/sbin:/usr/sbin
```

經由上面的輸出，可以看到 /home/student/mybin 路徑被存入 $PATH 變數裡。由於該目錄不存在，我們需要把它建立出來，作法如下：

```
student$ mkdir /home/student/mybin
```

然後把原先找的 /usr/bin/env 檔案複製到 /home/student/mybin/ 目錄裡：

```
Student$ cp /usr/bin/env /home/student/mybin
```

現在再執行一次 env 指令，其結果看起來雖然一樣，但實際上是取得上方指定的自訂路徑。

使用 which 指令再確認一次 env 的執行位置：

```
student$ which env
~/mybin/env
```

2.5.4 查詢指令型態

在大部分的情境下，我們習慣在 bash 中輸入指令，並做相對應的處理，然而這些指令並不全都是系統上實際的可執行檔，有些是 bash 內建，有些是眞的可執行檔，也有一些是以函式的方式存在。那麼怎麼去判別所下的指令是什麼型態呢？此時我們就可以使用 type 指令來進行確認。

以下爲一些常見的類別輸出：

🐧 函式型態

which 指令在這個環境中被定義爲一個函式，這個函式可能是由系統管理員或腳本設定的，目的是擴展或修改原本 which 指令的功能。當執行這個指令時，系統會執行這個函式中的一系列指令，而不是直接執行系統中的可執行檔案。

```
student$ type which
which is a function
which ()
{
    ( alias;
    eval ${which_declare} ) | /usr/bin/which --tty-only --read-alias
--read-functions --show-tilde --show-dot "$@"
}
```

🐧 別名型態

ls 指令在這個環境中被定義爲別名 ls --color=auto。「別名」是一種簡化常用指令及其參數的方式，透過將這些常用組合設定爲簡單的別名，使用者可以更方便執行指令，有關別名的使用，我們將在下一項說明。例如：在這個例子中，每次輸入 ls 時，系統會自動加上 --color=auto 參數，讓目錄和檔案的顏色顯示更加直覺。

```
student$ type ls
ls is aliased to `ls --color=auto'
```

🐧 Shell 內建方法

cd 指令是 Bash Shell 的內建指令。

```
student$ type cd
cd is a shell builtin
```

🐧 一般執行檔

vi 是一個位於 /usr/bin/vi 的一般可執行檔案。這類指令通常是系統中的應用程式或工具，它們作為獨立的可執行檔，存在於系統目錄中。

```
student$ type vi
vi is /usr/bin/vi
```

由上列的幾項範例可以瞭解，雖然我們在 bash 執行的指令可以運作，但確有可能是對應到不用的型態，不一定都是實際存在的可執行檔。

2.5.5 別名的使用

在 bash 作業環境中，有時執行的指令需要下多個參數，為了簡化這個流程，可以把一串常用的指令加上參數作為別名。

查看目前設定的別名

在系統中已經有一些別名的存在，使用下列方法可以查看目前設定的別名：

```
student$ alias
alias egrep='egrep --color=auto'
```

```
alias fgrep='fgrep --color=auto'
alias grep='grep --color=auto'
alias l.='ls -d .* --color=auto'
alias ll='ls -l --color=auto'
alias ls='ls --color=auto'
alias xzegrep='xzegrep --color=auto'
alias xzfgrep='xzfgrep --color=auto'
alias xzgrep='xzgrep --color=auto'
alias zegrep='zegrep --color=auto'
alias zfgrep='zfgrep --color=auto'
alias zgrep='zgrep --color=auto
```

從上面的輸出範例中，可以查看到有幾個常用的項目是別名，而不是實際的指令，像是 ll 這個別名，是由 ls -l --color=auto 所組成的。

新增別名

透過下面的操作，我們可以新增一個別名為「myalias」，對應到 echo "Hello My Alias"，作法如下：

```
student$ alias myalias="echo 'Hello My Alias'"
```

接著，在命令列上輸入「myalias」，會得到輸出：

```
student$ myalias
Hello My Alias
```

檢查 myalias 的型別：

```
Student$ type myalias
myalias is aliased to `echo 'Hello My Alias''
```

查看所有 alias 項目：

```
student$ alias
alias egrep='egrep --color=auto'
alias fgrep='fgrep --color=auto'
alias grep='grep --color=auto'
alias l.='ls -d .* --color=auto'
alias ll='ls -l --color=auto'
alias ls='ls --color=auto'
alias myalias='echo '\''Hello My Alias'\'''
alias xzegrep='xzegrep --color=auto'
alias xzfgrep='xzfgrep --color=auto'
alias xzgrep='xzgrep --color=auto'
alias zegrep='zegrep --color=auto'
alias zfgrep='zfgrep --color=auto'
alias zgrep='zgrep --color=auto'
```

上述輸出中，myalias 就是我們剛才新增的別名。

刪除別名

如要刪除已經存在的別名，可以使用 unalias 指令進行處理。

下列指令可以刪除 myalias 別名：

```
student$ unalias myalias
```

2.6 : 指令使用手冊

學習目標 ☑ 能夠透過系統內建手冊查看指令使用方式。

在 Linux 或是類 Unix 作業系統裡，「指令介面」（Command Line Interface，CLI）扮演著重要的角色，特別是在 Linux 等開放原始碼系統中。「圖形介面」（Graphic User Interface，GUI）雖然提供較為直覺的操作方式，但指令的靈活性和效率使其成為許多專業使用者的首選。要有效使用 Linux，有賴於對指令的熟悉度。

由於指令眾多，我們很難把所有的指令與其參數都記起來，因此系統內建的手冊成為了不可或缺的資源，這些手冊詳盡介紹了每個指令的語法、選項和使用範例，可幫助使用者快速掌握其功能和用途。本小節將介紹如何透過內建手冊查看指令的使用方式，並讓管理者在日常操作中更得心應手。

2.6.1 不同章節用途

Linux 手冊（Manual Pages, man page）分為不同的章節，每個章節針對特定類型的資訊，以便讓使用者快速找到與需求相關的指令用法。

表 2-4 常見章節

編號	用途	說明
1	一般指令（User Commands）	提供使用者常用的操作指令說明。
2	系統呼叫（System Calls）	包含作業系統核心提供的系統呼叫，供進階使用者或開發者查詢使用。
3	函式庫函數（Library Functions）	詳細記載標準 C 函式庫函數和其他函式庫函數的使用方式，通常適合程式開發者查詢。

編號	用途	說明
4	特殊檔案（Special Files）	介紹系統中的特殊檔案和裝置節點，通常位於 / dev/ 目錄下，例如：磁碟裝置和記憶體裝置。
5	檔案格式（File Formats）	詳細說明各種系統檔案的格式及其用途，例如：/ etc/passwd 和 /etc/fstab。
6	遊戲與小程式（Games and Demos）	一些系統內建的遊戲或小工具。
7	雜項（Miscellaneous）	包含其他難以歸類的內容，例如：POSIX 標準和協定等。
8	系統管理指令（System Administration）	包含系統管理員專用的指令，通常需要更高權限操作，例如：iptables 和 systemctl。
9	核心函式（Kernel Routines）	記錄核心開發相關的函式，適合 Linux 核心開發者使用。

2.6.2　查看已知指令的用法

通常我們可能知道某個指令，但是想要瞭解更詳細的用法，此時就會使用 man 指令來查詢該指令用法。

像是我們想要知道 ls 指令的詳細用法，就可以使用以下方式進行檢視：

```
student$ man ls
```

如果系統有安裝該指令的手冊，那麼 man 指令會使用檢視器開啟，我們可以使用先前介紹的 less 操作技巧在頁面上進行搜尋、翻頁等方式來閱讀。

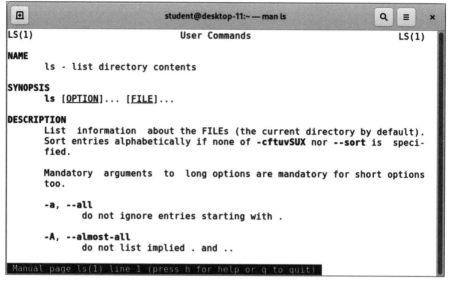

圖 2-4　使用 man 指令查看 ls 用法

2.6.3　使用關鍵字找出可用指令

有時我們無法知道所有的指令，但想查詢系統中有哪些相關指令可使用，那麼就可以使用關鍵字查詢。

像是我們想要知道關於 network 的關鍵字有哪些相關指令，我們可以使用 man -k 來協助查詢：

```
student$ man -k network
Socket (3pm)         - networking constants and support functions
aseqnet (1)          - ALSA sequencer connectors over network
byteorder (3)        - convert values between host and network byte
order
ctstat (8)           - unified linux network statistics
dhclient-script (8)  - DHCP client network configuration script
~ 以下略 ~
```

從查詢結果中查看相關說明，以找出合適的指令進行操作。

另一個方法是使用 apropos 來查詢：

```
student$ apropos network
```

由於輸出會和 man -k 相同，就不再列出。

2.6.4 查看不同章節內容

以修改密碼的指令 passwd 來說，就有不同章節，我們使用 apropos 查看如下：

```
student$ apropos passwd
```

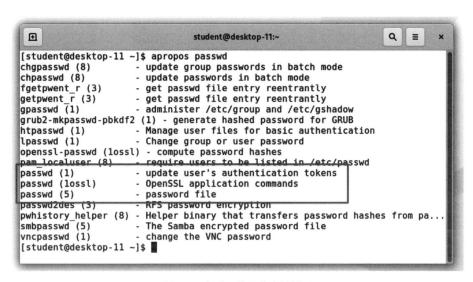

圖 2-5 查看可使用的章節說明

如圖 2-5 可以看到，passwd 包含了 (1) 與 (5)，若要查看第 1 章內容的話，只要在指令後加入該章節號就能查看。

以 passwd 指令的第 1 節來說，其檢視方式如下：

```
student$ man 1 passwd
```

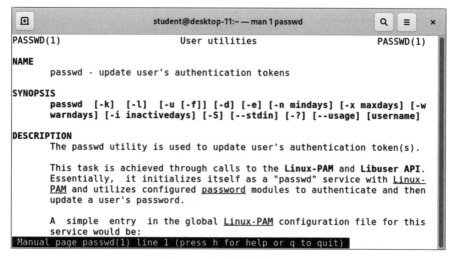

圖 2-6　查看指定章節內容

　　這些檔案的內容可以幫助我們瞭解更多的用法，有些較爲完整的檔案內容甚至還會包含範本，讓我們加快瞭解使用方式。

{說明}　雖然網路查詢更加方便，但是在沒有網路可以使用的情境下，我們還是要能在系統統檔案中找出所需，以展現專業的一面。

2.7　vi/vim 文字編輯器

學習目標　☑ 能夠使用 vi/vim 編輯文字檔案。

☑ 能夠在 vi/vim 中使用不同的模式進行操作。

　　不論學習哪一種 Linux 發行版，有許多的服務都是要經過設定後才能正確運作，這些設定必須使用編輯器來修改，因此學習一個上手的文字編輯器，能夠有效提升 Linux 管理效率。

在本小節裡介紹的是 vi 文字編輯器。vi 是歷史悠久且在大部分 Linux 發行版本都包含的內建編輯器，因此瞭解 vi 後不但能讓你在 Linux/Unix 中暢行，其他如 *BSD、macOS 等系統上也能適用。

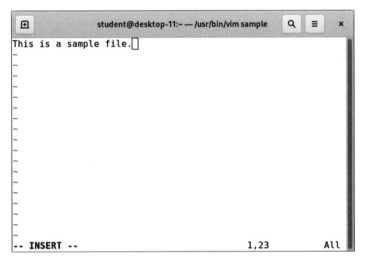

圖 2-7　vi/vim 操作介面

在現今的主要發行版中，我們除了看到 vi 這字之外，有時候也會說 vim，vim 是 vi 的改進版本，除了 vi 原本的功能之外，還提供了自訂環境功能，然而 vi 仍為大多數發行版的文字編輯器，在此我們將定焦於 vi 文字編輯器。

完整的 vi 有很多功能，但大多情況下我們會用到的不外乎下列常用項目：

◆ 文字編輯。

◆ 游標移動。

◆ 存檔。

◆ 文字搜尋。

◆ 離開。

以上幾個項目也滿足了大部分的文字編輯時所需要的功能，我們將介紹如何簡單且快速的操作 vi。

在 vi 編輯器中,會有 3 個主要模式:①一般模式、②指令模式、③編輯模式。在編輯模式與指令模式中,使用 Esc 鍵就可以回到一般模式。

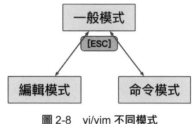

圖 2-8　vi/vim 不同模式

以下我們就針對常用的部分進行說明。

🐧 一般模式

在一般模式中,我們可以對檔案上的游標進行控制:

表 2-5　對檔案上的游標進行控制

功能	按鍵
游標往上	k
游標往下	j
游標往左	h
游標往右	l
游標移到第 1 行	1G
游標移到第 5 行	5G
游標移到第 n 行	nG(n 為數字)
游標移到最後行	G
游標移到行首	^
游標移到行尾	$

下列方式可以進行檔案操作：

表 2-6　進行檔案操作的方式

功能	按鍵
複製	yy
複製 2 行	2yy
複製 n 行	nyy（n 為數字）
在下一行貼上	p（小寫英文）
在上一行貼上	P（大寫英文）
剪下一個字元	X
剪下 2 個字元	2x
剪下 n 個字元	nx（n 為數字）
刪除一整行	dd
刪除二行	2dd
刪除 n 行	ndd（n 為數字）

🐧 指令模式

指令模式通常是在一般模式中，直接輸入以冒號（:）為開頭，就會進入指令操作。

表 2-7　常用指令

功能	按鍵
存檔	:w
離開	:q
存檔後離開	:wq
不存檔離開	:q!
強制存檔	:w!（需要有相關權限）
尋找字串	/{word}（{word} 代表要找的字串）

🐧 編輯模式

在編輯模式裡，鍵盤上輸入的字元都會反應到檔案的本文中，也就是開始進行檔案的編輯。使用下列的方式，可以從一般模式中進入編輯模式：

表 2-8　進入編輯模式的常用方式

功能	按鍵
在目前位置開始編輯	i
在游標所在的下一字元開始編輯	a
在目前所在行下方新增新的一行後開始編輯	o
在目前所在行上方新增新的一行後開始編輯	O

在編輯模式中，如要回到一般模式，可以按下 [Esc] 鍵。

🐧 vi 啟動時，會在檔案所在位置產生一個暫時性的交換檔案，這個交換檔會在 vi 關閉
{說明} 時自行刪除，如果沒有進行正確的關閉方式，那麼這個交換檔就會被留下來，當你再次開啟該檔案時，可能會出現警告的訊息。

2.8 ┊ 壓縮與封裝

學習目標　☑ 使用 tar 進行目錄與檔案封裝。

☑ 透過 Linux 常用的壓縮工具，將檔案壓縮。

2.8.1　常用壓縮工具

在 Linux 中，時常有檔案壓縮的需求，以進行檔案封裝或節省磁碟使用空間。目前通用的格式約為三種：gzip、bzip2 與 xz。

透過練習讓讀者瞭解各壓縮工具的特性。實作之前，使用 root 身分建立一些練習檔案，把 /etc/ 複製爲 /root/lab/：

```
root# cd
root# cp -r /etc/ /root/lab/
```

🐧 gzip 格式

gzip 是由 GNU 所開發的壓縮格式，有時也會稱爲「Gnu zip」，它的歷史最悠久且通用性最高。

檢視 lab/ 目錄下的所有檔案：

```
root# find ./lab -type f
./lab/fonts/fonts.conf
./lab/fonts/conf.d/25-no-bitmap-fedora.conf
./lab/fonts/conf.d/README
./lab/crypto-policies/config
./lab/crypto-policies/back-ends/nss.config
./lab/crypto-policies/state/CURRENT.pol
./lab/crypto-policies/state/current
./lab/crypto-policies/local.d/nss-p11-kit.config
./lab/skel/.bash_logout
./lab/skel/.bash_profile
~ 以下略 ~
```

使用 du 查看該目錄的使用空間：

```
root# du -sh ./lab
28M     ./lab
```

在還沒有壓縮之前，./lab/ 目錄大小約爲 28MB。

壓縮 ./lab/ 目錄內的所有檔案：

```
root# gzip -r ./lab/
```

檢視壓縮後 ./lab/ 目錄下的所有檔案：

```
root# find ./lab -type f
./lab/fonts/conf.d/25-no-bitmap-fedora.conf.gz
./lab/fonts/conf.d/README.gz
./lab/fonts/fonts.conf.gz
./lab/crypto-policies/back-ends/nss.config.gz
./lab/crypto-policies/state/CURRENT.pol.gz
./lab/crypto-policies/state/current.gz
./lab/crypto-policies/local.d/nss-p11-kit.config.gz
./lab/crypto-policies/config.gz
./lab/skel/.bash_logout.gz
./lab/skel/.bash_profile.gz
~ 以下略 ~
```

我們可以發現，透過 gzip 壓縮後的檔案，會以「.gz」作為副檔名，而原本的檔案會被刪除。

檢查壓縮後的空間使用量：

```
root# du -sh ./lab/
9.6M    ./lab/
```

相較原本的目錄使用量為 28MB，壓縮後使用的空間縮小為 9.6MB，節省了超過一半的空間。

現在使用 gunzip 解壓縮 /root/lab/ 目錄內的所有檔案：

```
root# gunzip -r ./lab/
```

查看檔案解壓縮結果：

```
root# find ./lab/ -type f
./lab/fonts/conf.d/25-no-bitmap-fedora.conf
./lab/fonts/conf.d/README
./lab/fonts/fonts.conf
./lab/crypto-policies/back-ends/nss.config
./lab/crypto-policies/state/CURRENT.pol
~ 以下略 ~
```

透過 bunzip 解壓縮後，可以發現 .xz 檔案會被刪除。

🐧 bzip2 格式

bzip2 比 gzip 提供更好的壓縮率，主要是可以節省更多時間。由於 bzip2 無法直接針對目錄內容做壓縮，所以要提供檔案列表供 bzip2 使用。

我們配合 find 指令找出檔案傳送給 bzip2 做壓縮，指令如下：

```
root# find ./lab/ -type f | xargs bzip2
```

查看 ./lab/ 壓縮後的檔案：

```
root# find ./lab/ -type f
./lab/fonts/conf.d/25-no-bitmap-fedora.conf.bz2
./lab/fonts/conf.d/README.bz2
./lab/fonts/fonts.conf.bz2
./lab/crypto-policies/back-ends/nss.config.bz2
./lab/crypto-policies/state/CURRENT.pol.bz2
~ 以下略 ~
```

就像 gzip 一樣，壓縮完成後會把原本的檔案刪除。bzip2 壓縮後的副檔名為「.bz2」。

查看 ./lab/ 使用空間：

```
root# du -sh ./lab/
8.9M    ./lab/
```

上列查看壓縮後的空間使用量，與 gzip 相比更節省了一些，但在壓縮的過程中，也可以發現其速度有些許停頓。

現在使用 bunzip2 解壓縮 ./lab/ 目錄內的所有檔案：

```
root# find ./ -type f | xargs bunzip2
```

🐧 xz 格式

xz 是通用壓縮方法中壓縮率最高的，但所需時間也是最久的。

與 bzip2 一樣，使用 find 指令把列表提供給 xz 做壓縮：

```
root# find ./lab/ -type f | xargs xz
```

查看 ./lab/ 壓縮後的檔案：

```
root# find ./lab/ -type f
./lab/fonts/conf.d/25-no-bitmap-fedora.conf.xz
./lab/fonts/conf.d/README.xz
./lab/fonts/fonts.conf.xz
./lab/crypto-policies/back-ends/nss.config.xz
./lab/crypto-policies/state/CURRENT.pol.xz
~ 以下略 ~
```

和其他兩者一樣，被壓縮後的原始檔會刪掉。xz 則是在檔案壓縮成功後使用 xz 的副檔名。

查看壓縮後的目錄使用空間：

```
root# du -sh ./lab/
8.5M    ./lab/
```

與 gzip、bzip2 相比，xz 提供了更好的壓縮品質，但相對的也需要使用更多時間來做壓縮。

使用 xz 解開 .xz 檔案：

```
root# find ./lab/ -type f | xargs unxz
```

🐧 gzip、bzip2 與 xz 比較

透過下表讓我們更瞭解本小節介紹的各壓縮工具特性，可供讀者在選用時參考：

表 2-9　各壓縮工具特性

項目	gzip	bzip2	xz
壓縮率	小	中	高
空間節省	少	中	多
壓縮時間	短	中	長
通用性	高	中	低
支援目錄	不支援	不支援	不支援
解壓縮工具	gunzip	bunzip2	unxz

> 🐧 **{說明}** 對於通用性與壓縮率，有時很難決定要使用哪一個好，但如果是一個較大的檔案，要透過網路供使用者下載，為了檔案能快速完成下載與節省頻寬使用，使用 xz 是一個好選擇。

2.8.2 目錄與檔案封裝

以備份的需求來說，把多個檔案或目錄封裝起來是一個常用的方式，在 Linux 中經常使用 tar 工具進行檔案封裝作業。

由於先前的一項次的常用壓縮工具都無法壓縮目錄，因此我們也可以使用 tar 配合各種壓縮工具，來達到多檔、多目錄封裝與壓縮的需求。

🐧 未壓縮封裝

tar 提供了單純封裝的功能，可以把指定的項目包裝為一個檔案。下列我們使用 tar 建立一個封裝檔為 lab.tar，要封裝的目標為 ./lab/ 目錄，其作法如下：

```
root# tar -cf lab.tar ./lab/
```

以上使用 -c 參數代表建立（Create），-f 為指定封裝的檔案名稱。

查看封裝後項目：

```
root# ls -lh
total 25M
drwxr-xr-x. 133 root root 8.0K Oct 25 10:12 lab
-rw-r--r--.   1 root root  25M Oct 25 10:23 lab.tar
```

tar 在封裝後會依指定的檔名儲存，原本的來源不會異動。

要解開封裝內容，把 -c 參數改為 -x 參數即可。下列練習中，我們先建立一個 ./untar/ 目錄，再把 lab.tar 移到該目錄做解封裝作業。

```
root# mkdir ./untar/
root# mv lab.tar ./untar/
root# cd ./untar/
root# tar -xf lab.tar
```

完成解封裝後，查看解開後的內容：

```
root# find ~/untar/ -type f
/root/untar/lab.tar
/root/untar/lab/fonts/conf.d/README
/root/untar/lab/fonts/conf.d/25-no-bitmap-fedora.conf
/root/untar/lab/fonts/fonts.conf
/root/untar/lab/crypto-policies/back-ends/nss.config
~ 以下略 ~
```

　　tar 可以保留原本檔案的權限、擁有者與時間戳記，對備份來說，也是一個很好的使用工具。

🐧 使用壓縮參數

　　tar 也可以配合使用先前介紹的壓縮工具，分別示範如下：

　　在 tar 使用 -z 整合 gzip 壓縮：

```
root# cd
root# tar -zcf lab.tar.gz ./lab/
```

　　在 tar 使用 -j 整合 bzip2 壓縮：

```
root# cd
root# tar -jcf lab.tar.bz2 ./lab/
```

　　在 tar 使用 -J 整合 xz 壓縮：

```
root# cd
root# tar -Jcf lab.tar.xz ./lab/
```

完成後，查看各壓縮檔的檔案大小：

```
root# ls -lh lab.tar.*
-rw-r--r--. 1 root root 4.3M Oct 25 10:33 lab.tar.bz2
-rw-r--r--. 1 root root 5.1M Oct 25 10:33 lab.tar.gz
-rw-r--r--. 1 root root 3.2M Oct 25 10:33 lab.tar.xz
```

透過檔案大小的檢查，也能看出各壓縮工具的壓縮特性，讓我們更能依照不同的情境使用合適的封裝方式。

如要解開各檔案，一樣把 -c 改為 -x 參數，並依不同的壓縮工具搭配合適的參數（gzip：-z、bzip2：-j、xz：-J）。

2.8.3　zstd 壓縮工具

「zstd」（Zstandard）是一種由 Facebook 開發的快速檔案壓縮工具，主要特性是提供高壓縮比和快速的解壓速度。zstd 能夠兼顧壓縮效率和壓縮速度，使得 zstd 成為適用於多種場景的壓縮解決方案。

在 Rocky Linux 中，我們只要做安裝就可以使用了。使用下列方式安裝 zstd：

```
root# dnf install -y zstd
```

接著透過下列方式，配合 tar 進行打包與壓縮：

```
root# tar -I zstd -cf lab.tar.zst lab
```

查看壓縮後的大小：

```
root# ls -lh lab.tar.zst
-rw-r--r--. 1 root root 4.3M Oct 25 14:43 lab.tar.zst
```

接下來我們使用 'zstd -10' 修改壓縮率，以提高壓縮層級：

```
root# tar -I 'zstd -10' -cf lab.tar.zst lab
```

查看壓縮後的大小：

```
root# ls -lh lab.tar.zst
-rw-r--r--. 1 root root 3.9M Oct 25 14:44 lab.tar.zst
```

修改後的壓縮檔案大小從 4.3M 縮小到 3.9M；zstd 可以選擇的壓縮層級是 0 到 19，預設為 3，所以若要調整最大壓縮率的話，可以使用 19，但也會使用更多的時間。

除了壓縮率的調整之外，zstd 也可以設定在做壓縮時，用幾個 CPU 核心數進行處理，以增加壓縮效率。更多 zstd 的使用方式，可以參考 man zstd 內的說明。

③

帳號與群組管理

■　■　■　■

在 Linux 系統中，關於帳號與群組的管理議題，無論對於一般管理還是資訊
安全來說，都是重要的課題。透過不同檔案與指令，Linux 將這些檔案進行有
效地連結，並管理帳號與群組的關係，確保系統資源的安全與使用者的合適
存取權限。

本章將對帳號與群組的基本資訊進行說明，並介紹設定密碼原則及帳戶有效性管理的方法，提供讀者從基本概念與實際設定的參考流程。

表 3-1　本章相關指令與檔案

重點指令與服務		重點檔案
• useradd	• chage	• /etc/passwd
• userdel	• sudo	• /etc/shadow
• usermod	• su	• /etc/group
• passwd	• getent	• /etc/skel/
• groupadd	• whoami	• /etc/login.defs
• groupdel	• id	
• gpasswd		

3.1 | 群組與帳號相關檔案

學習目標　☑ 瞭解 Linux 帳號與群組檔案關係。

☑ 瞭解如何使用指令管理帳號與群組。

☑ 能夠設定帳號的密碼政策。

在 Linux 系統中，「管理使用者帳號和群組」是一個核心的任務，它不僅涉及允許合法的使用者存取系統資源，還包括定義它們可以做什麼以及如何做，這是一個既精密又重要的過程，涉及多個相關檔案和設定。

瞭解了帳號與群組後，才能夠進一步延伸到權限的管理，不論是一般的檔案權限或是執行程式時的身分管理，都是以本節作為起始點。

3.1.1　瞭解相關檔案

在這一節裡，筆者將介紹 Linux 中的群組和帳號管理，透過說明重點檔案內容讓讀者瞭解其關聯性，這些檔案包含：① /etc/passwd、② /etc/shadow、③ /etc/group，這些檔案也會有相對應的相關指令進行讀取或修改，常用的指令與檔案影響關係如圖 3-1 所示。

在資訊安全的議題上，上述檔案是較爲敏感的內容，所以我們也會常常聽到系統帳號清查時，這些檔案都會出現的原因。

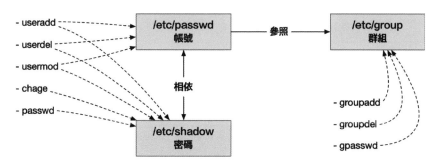

圖 3-1　帳號、密碼、群組檔案與相關指令之關聯

在 Linux 中，作業系統帳號是由 /etc/passwd 與 /etc/shadow 爲主要檔案，其有各自不同的功能。

🐧 /etc/passwd 檔案

/etc/passwd 是一個文字檔，檔案部分內容參考如下：

```
root:x:0:0:root:/root:/bin/bash
bin:x:1:1:bin:/bin:/sbin/nologin
daemon:x:2:2:daemon:/sbin:/sbin/nologin
adm:x:3:4:adm:/var/adm:/sbin/nologin
lp:x:4:7:lp:/var/spool/lpd:/sbin/nologin
sync:x:5:0:sync:/sbin:/bin/sync
shutdown:x:6:0:shutdown:/sbin:/sbin/shutdown
```

```
halt:x:7:0:halt:/sbin:/sbin/halt
mail:x:8:12:mail:/var/spool/mail:/sbin/nologin
operator:x:11:0:operator:/root:/sbin/nologin
```

/etc/passwd 檔案主要用來記錄使用的相關資訊。其由 6 個冒號（:）分隔為 7 個欄位，每個欄位說明如下：

表 3-2　/etc/passwd **檔案的欄位說明**

欄位	說明
1	登入帳號，也就是登入系統時所輸入的帳號，在整個系統中帳號不可重複。
2	以前存放密碼，現在使用 x 表示，已不使用。
3	記載著該帳號的使用者編號（User ID，UID），該編號在整個系統中不可重複。
4	記載著該帳號的主要群組 ID，群組 ID 在 /etc/group 中會有所定義。
5	該帳號的稱呼、匿名等，也可以設定為空白。
6	該帳號的家目錄所在位置，預設都會放置在 /home/ 目錄中。
7	該帳號登入時，要使用哪一個操作環境，預設是使用 /bin/bash 作為操作環境。

雖然該檔案為文字檔，也就是說，可以使用 vi 等編輯器進行編輯，但是除非操作的人非常瞭解其格式，否則不建議直接修改該檔案，應該儘量使用指令來代為設定。

/etc/shadow 檔案

/etc/shadow 檔案是用來保存密碼的檔案，其部分內容參考如下：

```
nobody:*:19123:0:99999:7:::
systemd-coredump:!!:19404::::::
dbus:!!:19404::::::
sssd:!!:19404::::::
tss:!!:19404::::::
sshd:!!:19404::::::
```

```
systemd-oom:!*:19404:::::::
student:$6$DiKmZM6RSwwlv6Q0$bBlnS/Lj.83KFl..R6TZurzdnCDKRQBPARbeM0EN.
6NXHUZbSZy7aXUre81mrBG9Qg5J2eQo3rGQiONQMnuJw1::0:99999:7:::
mysql:!!:19488::::::
apache:!!:19612::::::
```

/etc/shadow 檔案主要用來記錄和密碼有關的檔案，包含密碼有效期間等資訊。
其由 8 個冒號（:）分隔爲 9 個欄位，每個欄位說明如下：

表 3-3　/etc/shadow 檔案的欄位說明

欄位	說明
1	帳號，與 /etc/passwd 檔案第 1 個欄位相匹配。
2	使用 SHA-512 演算法加密過的密碼。
3	上次密碼變更日期，從 1970-01-01 開始計算。
4	密碼自修改後，多久內不可以再修改。
5	密碼多久後，一定要修改。
6	密碼到期前幾天要提出警告。
7	密碼到期後，經過幾天後停用該帳號。
8	帳號失效日期，從 1970-01-01 開始計算。
9	保留給未來使用。

{ 說明 }　/etc/passwd 和 /etc/shadow 基本上是孿生兄弟，缺一不可。為了安全性考量，現代 Linux 均已實作密碼獨立切割，不和帳號資訊放在一起，以避免該檔流出，而被暴力破解。

/etc/group 檔案

對於群組管理來說，最主要的檔案是 /etc/group。群組可以把多個帳號進行分類，在做系統資源管理時，設定群組比起單一帳號更有效率。

/etc/group 存放著群組資訊，其部分內容如下：

```
root:x:0:
bin:x:1:
daemon:x:2:
sys:x:3:
adm:x:4:
tty:x:5:
disk:x:6:
lp:x:7:
mem:x:8:
kmem:x:9:
```

/etc/group 檔案用來記載群組與帳號的關係，一樣使用冒號（:）作爲區格，共有 4 個欄位如下所述：

表 3-4 /etc/group 檔案的欄位說明

欄位	說明
1	群組名稱。
2	群組密碼，現已不用。
3	群組 ID（Group ID，GID）。
4	群組成員，每一個成員使用逗號（,）相隔。

/etc/group 檔案中的第 3 個欄位號碼，對應到 /etc/passwd 中的第 4 個欄位號碼，透過這兩個檔案，就可以知道帳號的主要群組名稱是什麼。

3.1.2 其他參考檔案

在 RHEL 系列相容的發行版建立帳號時，相關指定會參照帳號組態檔案進行相關的設定，這些相關的檔案如下：

🐧 /etc/login.defs 檔案

/etc/login.defs 是一個純文字設定檔，定義新增帳號時，該帳號與使用者登入和帳號管理相關的設定。這個檔案通常由系統管理員進行設定，並且會影響到系統中所有使用者的登入行為和帳號特性。以下是 /etc/login.defs 檔案的重點參數：

表 3-5　/etc/login.defs 檔案的重點參數

參數	用途
MAIL_DIR	帳號建立時，該帳號的 mail 檔案存放位置。
PASS_MAX_DAYS	密碼有效期限最大值。
PASS_MIN_DAYS	密碼有效期限最小值。
PASS_WARN_AGE	密碼到期前幾天發出警示。
UID_MIN	建立一般帳號時，可使用的最小 User ID（UID）。
UID_MAX	建立一般帳號時，可使用的最大 User ID（UID）。
GID_MIN	建立一般群組時，可使用的最小 Group ID（GID）。
GID_MAX	建立一般群組時，可使用的最大 Group ID（GID）。
ENCRYPT_METHOD	密碼加密方式。本書撰寫時，預設使用的加密演算法為 SHA512。

{說明}　/etc/login.defs 檔案是在新增帳戶時才會使用，對於已經建立的帳號，就要使用個別相關的指令進行設定。

🐧 /etc/skel/ 目錄

建立帳號的當下，系統會為該帳號建立家目錄（Home Directory），而家目錄中預設要放置的檔案，就是參考 /etc/skel/ 目錄裡的內容。系統會把 /etc/skel/ 裡的檔案複製一份到使用者家目錄，所以這個目錄中可以放置預先指定好的使用者相關組態設定（使用者環境變數）或是檔案（如系統使用條款）。

3.2 切換為系統管理員帳號

學習目標　☑ 瞭解 su 與 sudo 的差別。

　　　　　　☑ 能夠以 root 權限執行指令。

在 Linux 系統中，「切換特權帳號」通常是指從一個普通使用者（non-privileged user）切換到具有較高許可權的使用者，這個高許可權限帳戶大部分是指 root 帳號。這種切換通常是為了執行需要較高許可權的操作，例如：安裝軟體、修改系統設定、管理使用者帳號等和系統管理有關的作業。以下是實作「切換為 root 帳戶」的一些常見方式：

🐧 su 指令

su（Substitute User）指令允許一個帳號切換到另一個指定的帳號。如果不指定帳號名稱，則預設為 root，這通常需要輸入目標帳號的密碼。

```
student$ su -
```

使用 su -（包含 -），會模擬完整的登入，包括設定環境變數等。

🐧 sudo 指令

sudo（Superuser Do）允許指定的帳戶使用 root 的身分執行指令。使用 sudo 執行的指令，將以 root 身分執行，但只需要使用者輸入自己的密碼。我們可以使用 sudo 執行 whoami 指令，會得到 root 的輸出，代表切換成 root 身分執行。

先用一般身分執行 whoami 指令，確認該指令的執行身分：

```
student$ whoami
student
```

再使用 sudo 執行 whoami，此時會顯示為 root，代表是由 root 執行 whoami 指令：

```
student$ sudo whoami
root
```

在 Linux 中，一般使用者無法以 sudo 指令使用 root 權限執行程式，若要達到這個需求，我們必須把該使用者加到 wheel 群組中才可以，關於把帳戶加到 wheel 群組的相關作法，將在 3.4 小節討論。

🐧 su 與 sudo 指令的差別

Linux 的安全模型是基於使用者和權限，每個行程都有一個相關聯的使用者，這決定了該行程可以存取哪些系統資源。當我們使用 su 或 sudo 的時候，實際上是建立一個新的 shell 行程，這個行程以目標使用者的身分執行。

su 與 sudo 的具體差別，如下說明：

◆ su：使用 su 切換使用者時，系統會啟動一個新的 shell，並且用目標使用者的身分來執行它，這個新 shell 會有目標使用者的權限。

◆ sudo：sudo 指令運作不同，它會短暫提升使用者的權限，使用 root 來執行特定的指令，然後回到原本使用者的權限等級。

{說明}　root 可以透過 su - <username> 方式轉為任何帳號，且不需要密碼，有時我們需要驗證某帳號的權限時，就會用這種方法切換。

3.3 ┊ 帳號管理

學習目標 ☑ 能夠進行帳號的生命週期管理。

☑ 能夠設定基本密碼政策。

3.3.1 取得帳號資訊

新增帳號之前，我們可以先檢查目標帳號是不是已經存在，使用 id 指令就可以把該帳號的基本資訊列出來，這些資訊包含：①帳號名稱、②主要群組（每個帳號只能對應一個主要群組內）、③次要群組（每個帳號可以對應多個次要群組）。

以下為 id 指令的示範輸出：

```
root# id root
uid=0(root) gid=0(root) groups=0(root)
```

以上的輸出代表 root 帳號的 UID 為 0，主要群組為同名的 root，沒有次要群組。

我們可以從 id 輸出的資訊中瞭解，一個帳號只能有一個主要群組，但可以有多個次要群組，這也很符合我們企業中的組成。一個員工編列於某個部門的成員，但因為業務關係可能同時也是其他部門的合作者，所以瞭解一個帳號所在的群組，也能夠反推出該使用者的權限有哪些。接下來，我們會建立一個 user1 練習帳號，以達成帳號生命週期的管理。

3.3.2 建立帳號

當我們知道如何取得帳號資訊後，可以開始在系統中建立新的帳號。在大多數的 Linux 發行版上，可以使用 useradd 來建立新的帳號，建立帳號的同時，也可以設定使用者的家目錄、群組或顯示名稱等資訊。

建立帳戶 user1

確認帳戶 user1 不存在：

```
root# id user1
id: 'user1' : no such user
```

建立 user1 帳戶：

```
root# useradd user1
```

確認 user1 帳號資訊：

```
root# id user1
uid=1000(user1) gid=1000(user1) groups=1000(user1)
```

現在，我們已經在系統上建立一個 user1 帳號了，在不設定其他的參數的情況下，系統會自動產生一個同名的群組（user1），並把該帳號加入到群組中。

當然也會自動產生使用者家目錄，位於 /home/user1，查看結果如下所示：

```
root# ls -l /home
total 0
drwx------. 2 user1 user1 62 Feb 12 08:21 user1
```

{說明}　使用 useradd 建立帳號的時候，系統會參考 /etc/login.defs 與 /etc/skel/ 目錄，並修改 /etc/passwd 與 /etc/shadow 檔案來增加新的使用者紀錄，讀者可以對照圖 3-1 指令與檔案的相對應關係。

3.3.3 修改帳號資訊

有時我們必須為使用者帳號進行必要的調整，例如：暫時停用或移動主要群組的情況，大部分原因不外乎人員變動等因素。使用 usermod 指令，可以修改已存在帳號的資訊。以下列舉可能發生的應用：

使用者留職停薪

這種情況會發生 2 個事件，第 1 個事件為帳號鎖定使其無法使用，第 2 個事件為該使用者回到工作崗位後啟用帳號，其作法如下：

停用帳號：

```
root# usermod -L user1
```

使用 passwd 查看帳號狀態，顯示為鎖定：

```
root# passwd -S user1
user1 LK 2024-11-24 0 99999 7 -1 (Password locked.)
```

啟用帳號：

```
root# usermod -U user1
```

使用 passwd 查看帳號狀態，顯示為非鎖定：

```
root# passwd -S user1
user1 PS 2024-11-24 0 99999 7 -1 (Password set, SHA512 crypt.)
```

使用者調職其他部門

若有一個員工原本在行政部門，後來調職到人力資源部（hr），其作法如下：

```
root# usermod -g hr user1
```

檢查 user1 帳號資訊：

```
root# id user1
uid=1000(user1) gid=1002(hr) groups=1002(hr)
```

這個案例要先建立 hr 群組，可以參考本章的 3.4 小節。

3.3.4　設定帳號密碼

新的帳號建立後，是無法登入使用的，必須為它設定密碼，才能夠登入系統進行操作。在 Linux 中，設定密碼的方式是使用 passwd 指令。

passwd 指令在執行密碼修改時，有幾項要注意的地方：

◆ 一般使用者只能修改自己的密碼。

◆ root 帳號可以修改自己和其他帳號的密碼。

◆ 一般使用者修改密碼時，如果不符密碼原則，則會修改失敗。

◆ root 帳號修改密碼時，如果不符密碼原則，仍會修改成功。

使用 passwd 指令設定自己的密碼

一般使用者可以使用 passwd 指令設定自己的密碼，但不能設定其他帳戶，使用的方式很簡單，直接輸入「passwd」就可以了。

以下示範 user1 帳號修改自己的密碼，並且輸入了長度較短的密碼：

```
user1$ passwd
Changing password for user user1.
Current password:（輸入目前密碼，輸入的密碼不會出現在畫面上）
New password:（故意輸入較短的密碼，輸入的密碼不會出現在畫面上）
```

```
BAD PASSWORD: The password is shorter than 8 characters
passwd: Authentication token manipulation error
```

從上面的結果可以得知，一般帳號會受到密碼複雜度原則的管制，無法設定過於簡單的密碼，因此在設定的時候，要決定一個夠複雜的且長度夠的密碼，才能通過檢查，以確保帳戶安全。

使用 root 修改自己與其他帳號的密碼

修改 root 自己的密碼：

```
root# passwd
Changing password for user root.
New password:（輸入的密碼不會出現在畫面上）
Retype new password:（輸入的密碼不會出現在畫面上）
passwd: all authentication tokens updated successfully.
```

修改指定帳號的密碼：

```
root# passwd user1
Changing password for user user1.
New password:（輸入的密碼不會出現在畫面上）
BAD PASSWORD: The password is shorter than 8 characters
Retype new password:（輸入的密碼不會出現在畫面上）
passwd: all authentication tokens updated successfully.
```

從以上的流程可以發現，使用 root 帳號設定密碼時，就算不符合密碼原則，仍然可以強制設定。

{說明} 帳號新增後，預設是沒有密碼的，此時會使用 root 進行第一次設定，之後使用者才可以自行設定。如果使用者忘記密碼時，大部分也是由 root 將指定帳號重設後，再讓使用者自行修改。

3.3.5　密碼政策

「設定密碼的有效期限」是一種強化系統安全的策略，主要目標為減少帳號被攻破的風險。定期強制使用者更改密碼，可以降低因為密碼洩漏或被破解，而導致系統遭受攻擊的可能性。

多數企業大部分都會要求系統帳號的密碼有效期限，並且教育使用者應該時常更改密碼。在 Linux 中要設密碼政策，通常使用 chage 指令進行設定，以下示範常見的密碼政策來進行說明。

設定密碼的有效期限

列出帳號 user1 的密碼政策：

```
root# chage -l user1
Last password change                                    : Sep 12, 2023
Password expires                                        : never
Password inactive                                       : never
Account expires                                         : never
Minimum number of days between password change.         : 0
Maximum number of days between password change          : 99999
Number of days of warning before password expires       : 7
```

設定 user1 有效期限為 90 日，作法如下：

```
root# chage -M 90 user1
```

設定完成後，再檢查一次：

```
root# chage -l user1
Last password change                                    : Sep 12, 2023
Password expires                                        : Dec 11, 2023
Password inactive                                       : never
Account expires                                         : never
```

```
Minimum number of days between password change   : 0
Maximum number of days between password change   : 90
Number of days of warning before password expires : 7
```

設定 user1 的密碼設定後，至少要 2 日後才能再次更改：

```
root# chage -m 2 user1
```

設定完成後，檢查結果如下：

```
root# chage -l user1
Last password change                              : Sep 12, 2023
Password expires                                  : Dec 11, 2023
Password inactive                                 : never
Account expires                                   : never
Minimum number of days between password change    : 2
Maximum number of days between password change    : 90
Number of days of warning before password expires : 7
```

{說明} chage 指令針對已經存在的使用者有用，如果要在帳號建立時設定好這些值，可以參考 3.1.2 節的 /etc/login.defs 說明。

3.3.6　移除帳號

　　隨著系統使用者的變動，有了新增帳號，就會有移除帳號的需求，這是帳號生命週期的循環作業。我們使用了 useradd 新增帳號後，可以使用 userdel 來刪除系統使用者。定期清除不需要的系統帳戶，也能夠增進系統安全性，以避免被有心人士利用。

完全清除帳號

由於使用 userdel 刪除帳號時，系統不會刪掉該使用者的個人資料（如家目錄），因此在完全清除的需求下，此時需加入 -r 參數，讓該帳號刪除。

刪除 user1 帳號：

```
root# userdel -r user1
```

完成後，可以使用 id 再次檢查 user1 確實被刪除：

```
root# id user1
id: 'user1': no such user
```

該使用者的家目錄也會被刪除：

```
root# ls -lh /home/user1/
ls: cannot access '/home/user1/': No such file or directory
```

透過上列的刪除再檢查流程，可以確定該帳戶已經不存在了。

{說明}　使用 userdel 時，儘量使用 -r 參數，把該帳號的個人資料夾一併刪除，否則會在系統中留下無人擁有的目錄與檔案，進而造成管理困擾。

3.4　群組管理

學習目標　☑ 瞭解群組運作原理。

☑ 能夠依規劃設定帳號群組的關聯。

3.4.1 群組說明與概念

在 Linux 系統中，/etc/group 用來記載系統的群組資訊，/etc/group 檔案是一個文字檔案，內容和 /etc/passwd 一樣使用冒號（:）作爲分隔符號，每一個欄位的用意如下：

表 3-6 /etc/group 檔案的欄位説明

欄位	說明
1	群組名稱。
2	群組密碼，現已不用。
3	群組號（GID）。
4	群組成員。

在先前的章節中可以知道，每一個帳號都必須存在於一個主要群組裡。在本節中，我們將介紹如何讓同一個帳號也可以同時存在於多個次要群組中。

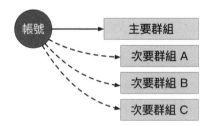

圖 3-2　同一帳號只能在一個主要群組，但可在多個次要群組

就如同在企業裡的跨部門協作一樣，每個人都在自己的主要部門中，因此專案的需求裡，若需要跨部門合作，就會產生一個專案群組，將相關的人加在一起，如此被加入的帳號就會有一個主要群組和多個次要群組的組合。

3.4.2　新增群組

使用 groupadd 可以新增新的群組，對於已經存在的群組，系統會發出警告並忽略，若不存在則會建立。groupadd 會在 /etc/group 檔案中新增一筆群組名稱，並且配置一個群組編號（Group ID，GID）。

新增一個群組

新增 grp1：

```
root# groupadd grp1
```

若要查看 grp1 是否已新增，可以使用 getent 指令進行查詢，檢查如下：

```
root# getent group grp1
grp1:x:1001:
```

 {說明}　getent 是讀取 /etc/passwd 與 /etc/group 檔案來取得資訊，在本例中使用 group 來查詢，所以 getent 也可以用來查詢帳戶資訊，使用方式是 getent passwd <username>。

3.4.3　刪除群組

groupdel 是用來刪除群組的工具，在刪除群組時，指令會有下列幾個情境：

◆ 指定的群組不可以是某個帳號的主要群組，否則不可以刪除。

◆ 若該群組名是一個或多個帳號的次要群組，則這些帳號會自動從群組中去除。

◆ 若目錄或檔案有指定該群組權限，則這些物件的群組名稱會不見，改顯示為 GID。

為了體現主要群組與帳戶的相依關係，可以透過下面的練習來驗證。

指定的群組不可以是某個帳號的主要群組

首先在系統建立 grp2 群組：

```
root# groupadd grp2
```

檢視 grp2 確實已經新增：

```
root# getent group grp2
grp2:x:1002:
```

由上可得知 grp2 的 GID 為 1002。

接下來新增一個 user2 的帳號，將它的主要群組設定為 grp2：

```
root# useradd -g grp2 user2
```

現在我們來查看一下 user2 的帳戶資訊：

```
root# getent passwd user2
user2:x:1001:1002::/home/user2:/bin/bash
```

依目前的進度來看，user2 的 UID 為 1001，其主要群組 ID 為 1002（也就是 grp2 的群組 ID）。

接著，試著刪除 grp2 群組，結果會失敗：

```
root# groupdel grp2
groupdel: cannot remove the primary group of user 'user2'
```

若要刪除 grp2，那麼就不能有帳號的主要群組設定為 grp2，因此現在把 user2 刪除，就可以刪掉 grp2 了。作法如下：

```
root# userdel -r user2
root# groupdel grp2
```

透過以上的一連串演練，我們可以看到使用者與群組的關係，而使用者的主要群組資訊是存放在 /etc/passwd 的第 4 欄位，因為在刪除群組時，groupdel 會進行相依群組的檢查作業。

 即使我們已經瞭解了 /etc/passwd 和 /etc/group 的關係，筆者不建議直接修改這些
{說明} 檔案，以確保整個帳戶與群組的完整性。

3.4.4 異動群組成員

在企業或組織中，會需要管理多個使用者的存取權限。假設有一個專案團隊負責處理特定專案，而且只有特定成員能夠存取這些資料。在這種情況下，我們可以可以利用 Linux 的群組機制來控制誰能夠存取這些相關資料。

使用 gpasswd 指令，能夠讓我們快速設定這個專案群組。透過使用 gpasswd，將特定的使用者加入或移除這個專案群組，確保只有經授權的成員才能存取這些檔案。對於帳戶來說，就是把該帳號再加到一個或多個群組裡成為次要群組。

設定帳戶的次要群組

透過一個實際練習，可讓我們更瞭解帳戶的次要群組設定方法。在這個例子中，我們將建立 staff 群組，並且把 user1 與 user2 加進來，辨識結果後，再把這些帳號移出 staff，最後再把 staff 刪除，完成一個完整群組生命週期。實作方法如下：

建立 staff 群組：

```
root# groupadd staff
```

建立 user1 與 user2 帳號，並且不設定其主要群組：

```
root# useradd user1
root# useradd user2
```

查看 user1 與 user2 資訊：

```
root# id user1
uid=1001(user1) gid=1003(user1) groups=1003(user1)
root# id user2
uid=1002(user2) gid=1004(user2) groups=1004(user2)
```

由上檢查得知，帳號的主要群組都位於同名的群組中。

把 user1 和 user2 透過 gpasswd 加入到 staff 群組裡：

```
root# gpasswd -a user1 staff
Adding user user1 to group staff

root# gpasswd -a user2 staff
Adding user user2 to group staff
```

檢查帳號與群組關係：

```
root# id user1
uid=1001(user1) gid=1003(user1) groups=1003(user1),1002(staff)
root# id user2
uid=1002(user2) gid=1004(user2) groups=1004(user2),1002(staff)
```

查看 group 群組紀錄：

```
root# getent group staff
staff:x:1002:user1,user2
```

以 getent 的結果得知，/etc/group 檔案中的 staff 裡，是使用其第 4 欄位來記載帳戶的次要群組資訊，它們是使用逗號（,）相隔。

刪除群組成員：

```
root# gpasswd -d user1 staff
root# gpasswd -d user2 staff
```

移除 staff 群組：

```
root# groupdel staff
```

從以上練習可以得知，帳戶的主要群組是在 /etc/passwd 設定，而次要群組是由 /etc/group 所決定，透過 gpasswd 可以快速讓管理者設定這些帳號與群組關係。

4

目錄與檔案權限管理

■　■　■　■　■

在 Linux 系統中，目錄與檔案的權限管理是保障系統安全與資料完整性的核心機制之一。每個檔案都有特定的擁有者（Owner/User）、群組（Group）與權限設定，這些設定決定了誰能夠讀取、修改或執行檔案。透過嚴格的權限管理，系統管理員能夠控制帳戶對資源的存取，以保護敏感資料不被洩露或損毀。

　　本章將深入探討 Linux 中的檔案與目錄權限系統，包括權限的基本概念、如何設定與和修改，以及常見的權限管理工具與指令。無論是對於個人使用者還是企業環境的系統管理員來說，理解並熟練應用權限管理技術，是維持系統穩定運作和保障資料安全的必要技能。

表 4-1　本章相關指令與檔案

重點指令與服務		重點檔案
• stat	• chown	
• chmod	• chgrp	

4.1 ∷ Linux 檔案系統權限

學習目標　☑ 瞭解 Linux 中檔案的三個重要角色：User、Group、Other。

4.1.1　UGO 基本概念

　　在 Linux 系統中，每個檔案、目錄或裝置檔案都附帶著一組權限，這組權限決定了誰可以對該物件進行哪些操作。這些權限根據不同的角色分為三個層級，即 UGO：「User」（使用者）、「Group」（群組）和「Others」（其他人）。

◆ U（User）：檔案或目錄的擁有者。通常擁有者是建立該檔案的使用者。擁有者可以對該檔案進行讀取（read）、寫入（write）和執行（execute）操作，這些權限規範了擁有者對該檔案或目錄的控制程度。

◆ G（Group）：該檔案所屬的群組。群組是由一個或多個帳號組成的集合，這些帳號通常共用相似的權限。對於群組成員，這些權限允許他們以團隊的形式協同工作，例如：在一個專案目錄中共用檔案。

◆ O（Others）：除了擁有者（User）和群組成員（Group）之外的所有其他使用者。
　其他人通常擁有最少權限。

這三個層級定義了檔案或目錄的完整權限配置。透過這種機制，Linux 系統能夠
對不同使用者或群組提供精細的存取控制，確保資料能被適當的共同協作，又能
防止未經授權的存取。

4.1.2　查看 UGO 資訊

系統中不少工具可以查看 UGO 資訊，包含常用的 ls 指令也能看到簡單的資訊欄
位。在本小節中，我們使用 stat 指令來觀察檔案上具體的相關資訊，讓讀者更瞭解
這些項目。

使用 stat 指令來觀察檔案的相關資訊

stat 指令直接配上檔案名稱，就能看到其相關內容。以下為檢視 /etc/group 的資
訊：

```
root# stat /etc/group
  File: /etc/group
  Size: 1069       Blocks: 8         IO Block: 4096    regular file
Device: 803h/2051d Inode: 34988514    Links: 1
Access: (0644/-rw-r--r--)  Uid: (   0/   root)  Gid: (   0/   root)
Context: system_u:object_r:passwd_file_t:s0
Access: 2024-09-01 10:25:11.881411412 +0800
Modify: 2024-09-01 10:25:11.863411030 +0800
Change: 2024-09-01 10:25:11.869411157 +0800
Birth: -
```

由於 stat 的資訊很詳細，我們先關注 Access 行的部分，此項為本章重點項目。
該行的資訊如下：

```
Access: (0644/-rw-r--r--)  Uid: (   0/   root)  Gid: (   0/   root)
```

在這個輸出中，可以看到 /etc/group 擁有者是 root，Group 也是 root，具體來說，我們可以解釋成：「該檔案是 root 帳戶所擁有，並且具體指定群組爲 root」。

在 Linux 的檔案裡，記載 User/Group 的方式是把 UID/GID 記錄在檔案的屬性欄位中，而不是具體的名稱。該行的「Access: (0644/-rw-r--r--)」表示這個檔案的存取權限，我們將在 4.2 小節中說明。

4.2 什麼是 rwx 權限

學習目標　☑ 能夠分辨 UGO 所屬的權限表示意義。
　　　　　　　☑ 能夠依規劃確認權限表示方式。

🐧 權限表示方式

透過 stat 指令取得的 Access 欄位來看，我們可以觀察到一組權限表示符號如下：

```
Access: (0644/-rw-r--r--)
```

這個內容包含了 2 個項目，分別爲「0644」與「-rw-r--r--」，這兩個指的是同一件事情，只是使用不同的方式來表示檔案或目錄的權限。

◆ 0644：以數字形式表示的權限。對於資深系統管理員來說，數字表示法更爲簡潔，能快速描述和設定權限。

◆ -rw-r--r--：這是符號形式的權限表示法。這種表示方式更直觀且容易理解，尤其是對於初學者或需要快速判斷檔案權限的人來說。

以符號表示法來看共用 10 個符號，第 1 個爲檔案類型，剩下的 9 個則以 3 個作爲分組，每組都有一樣的權限表示。這些符號的表示如下：

常見檔案類型

◆ -：表示普通檔案。

◆ d：表示目錄。

◆ l：表示符號連結（symbolic link）。

◆ b：表示區塊設備（block device）。

◆ p：表示命名管道（named pipe）。

權限表示

◆ r（讀取，Read）：使用者讀取檔案的內容，或查看目錄的內容。

◆ w（寫入，Write）：使用者修改檔案的內容，或在目錄中建立與刪除檔案。

◆ x（執行，Execute）：若為檔案，表示可以使用者執行該檔案；若是目錄，表示使用者可以進入該目錄。

　　以上的權限表示，如果沒有該權限，則會使用「-」表示。

數字表示

　　這些權限也可以用數字來表示，這些數字使用 8 進位的算法累加而成。在這個進位轉換的結果中：

◆ r（讀取權限）：對應數字 4。

◆ w（寫入權限）：對應數字 2。

◆ x（執行權限）：對應數字 1。

◆ 沒有權限：對應數字 0。

　　數字表示法就是將每一組權限的數字相加來得到最終的結果。例如：如果一組權限是 rwx，則對應的數字表示為 4 + 2 + 1 = 7；如果是 rw-，則對應的數字為 4 + 2 + 0 = 6。

這樣對於每個檔案或目錄的三組權限（使用者、群組、其他人），可以透過這種數字表示法來簡潔表示，例如：權限「rwxr-xr--」的數字表示為「755」，即「使用者權限 rwx 對應 7」、「群組權限 r-x 對應 5」、「其他人權限 r-- 對應 4」，這種數字表示法讓系統管理員能夠快速設定和理解檔案或目錄的權限。

透過表 4-2 的 5 個例子，我們可以清楚瞭解 Linux 中關於權限對應的表示法。

表 4-2 UGO 矩陣表

		User			Group			Other			
1	-	r	w	x	r	w	x	r	w	x	
		4	2	1	4	2	1	4	2	1	777
2	-	r	-	-	r	-	-	-	-	-	
		4	0	0	4	0	0	0	0	0	440
3	d	r	w	x	r	-	x	r	-	x	
		4	2	1	4	0	1	4	0	1	755
4	-	r	w	-	r	-	-	r	-	-	
		4	2	0	4	0	0	4	0	0	644
5	d	r	w	x	r	-	x	-	-	-	
		4	2	1	4	0	1	0	0	0	750

4.3 權限設定

學習目標　☑ 能夠依需求設定檔案目錄權限。

☑ 實作 UGO 設定。

🐧 chown 與 chgrp 指令

在 Linux 中，我們已經知道每個檔案都載明了 User 與 Group，接著就可以透過 chown 與 chgrp 等 2 個主要指令來修改檔案內的欄位，用法說明如下：

◆ chown：修改檔案的擁有者。如果是目錄，可以加上 -R 一併套用子目錄與檔案。如要同時修改擁有者和群組，可以使用「chmod <user>:<group>」的方式設定。

◆ chgrp：只能改變檔案的群組。如果是目錄，可以加上 -R 套用子目錄與檔案。

這些指令組合起來，提供了很有彈性的配對方式，可以精確控制不同使用者和群組如何存取系統上的檔案和目錄。透過適當的設定和管理 UGO 權限，可以保護敏感資料，同時保有協作和共享的方便性。

使用群組管控來設定目錄權限

為了能夠瞭解權限的應用，我們建立一個練習情境，並完成下列需求：

◆ 在系統中建立 /class/ 目錄。

◆ 在系統中建立帳號群組關係：① grp1 群組：成員為 user11、user12；② grp2 群組：成員為 user21、user22。

◆ 在 /class/ 目錄中建立子目錄，並設定群組權限：① /class/public/：所有人都可以寫入；② /class/project1/：只有 grp1 群組可以讀寫，其他人沒有任何權限；③ /class/project2/：只有 grp2 群組可以讀寫，其他人有讀取權限。

為了滿足上列需求，我們使用群組管控的方式來設定目錄權限，其具體作法如下：

Step 01 設定帳號與群組。

建立 grp1、grp2 群組：

```
root# groupadd grp1
root# groupadd grp2
```

建立 user11、user12，並設定主要群組為 grp1：

```
root# useradd -g grp1 user11
root# useradd -g grp1 user12
```

建立 user21、user22，並設定主要群組為 grp2：

```
root# useradd -g grp2 user21
root# useradd -g grp2 user22
```

檢查各帳戶的群組資訊：

```
root# id user11
root# id user12
root# id user21
root# id user22
```

Step 02 設定目錄與權限。

建立 /clsss/ 目錄，並進入該目錄：

```
root# mkdir /class
root# cd /class/
```

建立需求相關子目錄：

```
root# mkdir public project1 project2
root# ls -lh
```

設定所有使用者對 public/ 都有存取權：

```
root# chmod u=rwx,g=rwx,o=rwx public/
root# ls -lh
```

設定 project1 的權限：

```
root# chmod u=rwx,g=rwx,o=--- project1/
root# ls -lh
```

設定 project2 的權限：

```
root# chmod u=rwx,g=rwx,o=rx project2/
root# ls -lh
```

指定群組 grp1 對應到 project1/ 目錄：

```
root# chgrp -R grp1 project1/
root# ls -lh
```

指定群組 grp2 對應到 grp2/ 目錄：

```
root# chgrp -R grp2 project2/
root# ls -lh
```

Step 03　檢視與驗證。

查看各使用者資訊。使用 id 指令查看各帳戶資訊，主要重點在於帳號與群組是否配對：

```
root# id user11
uid=1003(user11) gid=1005(grp1) groups=1005(grp1)
root# id user12
uid=1004(user12) gid=1005(grp1) groups=1005(grp1)
root# id user21
uid=1005(user21) gid=1006(grp2) groups=1006(grp2)
root# id user22
uid=1006(user22) gid=1006(grp2) groups=1006(grp2)
```

查看目錄權限。檢查群組欄位與權限是否合乎題目要求：

```
root# ls -lh /class/
total 0
drwxrwx---. 2 root grp1 6 Sep  1 17:37 project1
drwxrwxr-x. 2 root grp2 6 Sep  1 17:37 project2
drwxrwxrwx. 2 root root 6 Sep  1 17:37 public
```

{説明} 本例中設計的所有人員都有權限讀寫，在資訊安全的角度上較為危險，實務上應把相關的人（即所有已知的帳號）加入到特定群組，由群組管理權限較為合適，以避免權限大開的危機。

5

訊息管理與重導

在 Linux 中到處都有訊息存在，這些顯示在螢幕上面的訊息到底是一般的輸出還是錯誤訊息，該如何分辨與重新導到檔案中，在本章都會探討到。

瞭解了 Linux 訊息管理，我們就可以把這些資訊從一個行程轉到另一個行程，做一個像是水流管理的指向，讓管理員們更優雅地處理文字訊息。

表 5-1　本章相關指令與檔案

重點指令與服務		重點檔案
• STDIN	• > 與 >>	
• STDOUT	• PIPE（|）	
• STDERR	• tee	

5.1 ┊ 瞭解輸入與輸出重新導向

學習目標　☑ 瞭解行程訊息輸出之方向。

　　　　　　☑ 使用重導技巧，將行程訊息輸出到指定檔案。

5.1.1　訊息重導概念

在 Linux 中，我們執行了一個程式，程式運作時通常會有訊息或資料的輸入或輸出，大致上會有三個訊息方向，也就是「標準輸入」（stdin）、「標準輸出」（stdout）、「錯誤輸出」（stderr）。程式執行時可能會有大量的訊息產出，我們會不好分辨這些項目是一般訊息或是錯誤訊息，這時就需要做訊息的重導。具體來說，其原文為「輸入輸出重新導向」（I/O Redirection），為了讓讀者容易瞭解，此章節使用「訊息重導」來表示。

例如：我們使用了一個指令叫做「foo」，執行時它在畫面上顯示了「Hello」文字，那麼這個文字到底是一般的訊息輸出，還是錯誤資訊呢？此時重導功能就能協助我們做訊息的分類：

- **程式運作時的輸入**：我們稱之爲「STDIN」，基本上是透過鍵盤的輸入取得訊息，當然也可以其他地方輸入，像是檔案、上一個程式的輸出結果等方式。

- **程式運作完後的產出訊息**：分爲「標準輸出」（STDOUT）與「錯誤輸出」（STDERR），這些輸出預設會顯示在螢幕畫面上，但我們也可以把這些輸出重新導到想要的地方，像是檔案或另一個程式。

瞭解「訊息重導」的技巧後，對於日常的維護作業、紀錄分析或自動化作業，都會有所幫助。

5.1.2　訊息導入與導出方向

如圖 5-1 所示，我們可以清楚看到一個行程的訊息流通常分爲三大部分：

- **標準輸入**（STDIN，代號 0）：程式的主要輸入通道。預設是鍵盤，也可以是來自檔案或其他命令的輸出，這爲自動化流程提供了基礎。

- **標準輸出**（STDOUT，代號 1）：程式的主要輸出通道。通常顯示在終端機上，也可以將訊息重導到檔案或作爲其他命令的輸入，讓資料處理和連接變得非常靈活。

- **標準錯誤輸出**（STDERR，代號 2）：專門用於錯誤和警告訊息的輸出通道。也能將這些訊息重導到檔案，有助於專注錯誤分析和日誌記錄。

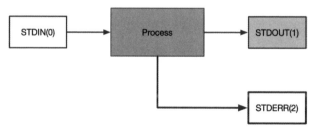

圖 5-1　重導的三個方向

以上可以看到重導作業不僅使系統訊息管理更加模組化，還允許對輸出進行細項的控制和分類。理解這三個通道與運用，是使用 Linux 系統的基礎，也是提高工作效率和靈活性的關鍵技巧。

我們怎麼重新把訊息重新導向呢？此時可以透過一些方法重新導向訊息，也就是說，把輸出或輸入的方式改到別的地方去或是從別的地方來。以下為基本說明：

◆ STDOUT：透過使用 > 或 >> 符號，可以將程式的標準輸出重新導向到檔案。使用單一的 > 會覆蓋檔案的內容，而使用 >> 則會將內容附加到檔案中。

◆ STDERR：STDERR 重導的方式與 STDOUT 大致相同，只需要在重導符號之前（沒有空白）加入 2 的數字（因為 STDERR 的代號為 2）就可以了。例如：使用 2> 符號，可以將 STDERR 的訊息重新導向到指定檔案。

◆ STDIN：透過使用 < 符號，可以將檔案的內容作為程式的標準輸入。STDIN 的資料來源也可以使用前一程式的標準輸出，使用 PIPE 的符號來表示。

透過這些基本的重新導向操作，可以讓我們更靈活控制程式的輸入和輸出。無論是日誌記錄、錯誤追蹤，還是建立複雜的資料處理管道，「重新導向」都是一個強大而有彈性的工具。

5.2 實作訊息重導

學習目標　☑ 能夠將指定的訊息轉存到特定檔案。
　　　　　　☑ 依不同情境透過重導技巧靈活轉換到指定檔案。

在本小節中，我們使用一些實際上的練習，透過這些練習，可以更加瞭解訊息重導的結果與其運作方式。

建立範本

我們假設使用帳號 student 登入主機，並使用 /etc/passwd 檔案作為練習範本來源。

建立測試目錄，並進入該目錄：

```
student$ mkdir ~/message/; cd ~/message/
```

複製 /etc/passwd 作爲練習檔案：

```
student$ cp /etc/passwd ./sample
```

建立練習範本後，現在我們就可以透過不同情境完成訊息重導。由於紙本印刷的關係，筆者將使用 grep 會產生紅色體的部分改爲使用粗體表示，讓讀者較容易分辨。

5.2.1 資訊輸入

🐧 使用 grep 程式

我們使用 grep 程式從 sample 檔案中取出 root 字串，可以從下列方法得到結果：

```
student$ grep root sample
root:x:0:0:root:/root:/bin/bash
operator:x:11:0:operator:/root:/sbin/nologin
```

上述的作法是由 grep 程式本身讀取檔案，然後進行篩選。

🐧 使用 STDIN 方法

若要使用 STDIN 的方法，可以使用下列指令：

```
student$ grep root < sample
root:x:0:0:root:/root:/bin/bash
operator:x:11:0:operator:/root:/sbin/nologin
```

我們可以看到處理結果相同，但實際上 grep 並不是直接開啟檔案進行篩選，而是透過 shell 使用 STDIN（ < ），將資料提供給 grep。

在實務的情況下，我們更容易看到如下的指令：

```
student$ cat sample | grep root
root:x:0:0:root:/root:/bin/bash
operator:x:11:0:operator:/root:/sbin/nologin
```

對於上述的作法，我們稱之為「管線重導」，grep 是從 STDIN 讀取資料流，而這個資料是由 cat 的輸出轉過去的，grep 在這個案例中，沒有開啟任何檔案。有關管線操作的方法，我們會在本章的 5.3 小節中說明。

5.2.2　管理標準輸出

現在我們透過實作來瞭解程式訊息輸出的重新導向，讀者可以在此觀察到輸出的 STDOUT 與 STDERR 的差別，並控制它們的流向。

🐧 使用 > 做輸出重導

透過 ls 執行下列指令，可以得到該指令輸出，如下所示：

```
student$ ls -lh sample
-rw-r--r-- 1 d3admin wheel 1.8K Aug 25 16:44 sample
```

我們現在知道不管哪一種輸出，都會輸出到預設的終端機，而若要分辨是否為一般輸出，則可以使用「>」符號，把訊息重導到另一檔案 stdout.txt。

作法如下：

```
student$ ls -lh sample > stdout.txt
```

此時原本顯示在畫面上的訊息不見了，接著我們再檢視 stdout.txt 內容如下：

```
student$ cat stdout.txt
-rw-r--r-- 1 student student 1.8K Aug 25 16:44 sample
```

由上例所知，透過 ls 列出 sample 檔案的結果是標準輸出。

🐧 使用 >> 做輸出重導

若是我們再多執行幾次，不管如何都會發現 stdout.txt 的內容只會有一行，原因是「>」會先清空 stdout.txt；若該檔案不存在，而對目標路徑又有權限的話，則該檔案會被產生。

要把後續的訊息附加到原檔案，而不刪除原有內容的話，可以使用「>>」來處理。透過下列指令刪除原有的 stdout.txt，然後連做 3 次輸出重導：

```
student$ rm stdout.txt
student$ ls -lh sample >> stdout.txt
student$ ls -lh sample >> stdout.txt
student$ ls -lh sample >> stdout.txt
```

接著檢視 stdout.txt 內容：

```
student$ cat stdout.txt
-rw-r--r-- 1 student student 1.8K Aug 25 16:44 sample
-rw-r--r-- 1 student student 1.8K Aug 25 16:44 sample
-rw-r--r-- 1 student student 1.8K Aug 25 16:44 sample
```

此時，我們可以發現透過「>>」的輸出重導，會把訊息轉存到 stdout.txt 中，而且不會覆蓋，這在做 log 儲存時特別有用。

5.2.3　管理錯誤輸出

和 STDOUT 一樣，STDERR 也是輸出的一種，但它是錯誤的訊息，所以要重導錯誤輸出的話，可以透過代號 2 來進行訊息重導。

錯誤訊息轉存到指定的檔案

我們刻意使用 ls 列出一個不存在的檔案為「sample2」，會得到下列的內容：

```
student$ ls sample2
ls: cannot access sample2: No such file or directory
```

透過下列方法，把上面的輸出轉到 stderr.txt：

```
student$ ls sample2 2> stderr.txt
```

原本輸出在螢幕上的訊息現在不見了，這些訊息被存到 stderr.txt 裡，使用 cat 指令來檢視：

```
student$ cat stderr.txt
ls: cannot access sample2: No such file or directory
```

與管理 stdout 一樣，若要附加錯誤內容的話，使用「2>>」就可以完成一樣的目標。

使用下列指令先刪除 stderr.txt 檔案後，再連做 3 次：

```
student$ rm stderr.txt
student$ ls sample2 2>> stderr.txt
student$ ls sample2 2>> stderr.txt
student$ ls sample2 2>> stderr.txt
```

然後再使用 cat 指令來檢視：

```
student$ cat stderr.txt
ls: cannot access sample2: No such file or directory
ls: cannot access sample2: No such file or directory
ls: cannot access sample2: No such file or directory
```

透過以上的練習，我們就可以把錯誤訊息轉存到指定的檔案。

5.2.4　整合訊息重導

　　經過上述的練習，可以瞭解重導訊息的方法，但是這大部分都是單一類別的處理案例，在現實的管理作業中，我們會有延伸應用，像是想要合併到同一檔案或是在同一指令進行描述，我們將在此進行練習。因為程式運作中，可能會是STDOUT 與 STDERR 同時出現，若我們要在同一指令中，把這些輸出同時指定也是可以的。

在同一指令中，將不同的輸出各自存到指定的檔案裡

　　使用 ls 列出檔案，如果檔案存在，則轉存到 stdout.txt；若失敗的話，則將訊息存到 stderr.txt，作法如下：

刪除先前的輸出檔案：

```
student$ rm stdout.txt stderr.txt
```

刻意列出不存在的檔案「sample2」，並檢視相關檔案：

```
student$ ls sample2 > stdout.txt 2> stderr.txt
```

顯示 stdout.txt，檔案內容為空：

```
student$ cat stdout.txt
```

顯示 stderr.txt，出現錯誤訊息：

```
student$ cat stderr.txt
ls: cannot access sample2: No such file or directory
```

上述方法可以在同一條指令中，將不同的輸出各自存到指定的檔案裡。

在同一指令中，將不同的輸出統一存到指定的檔案裡

在實務上的應用，我們更常把所有的輸出都轉存到指定檔案，以便後續使用，此時就要把原本流到 STDOUT 或 STDERR 的訊息，統一轉到指定的方向。

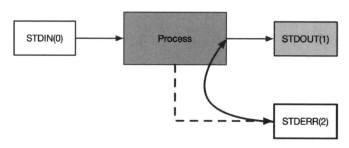

圖 5-2　將 STDERR 的訊息重新指定到 STDOUT

以下列指令來說，將原本應該要輸出到 STDERR 的訊息，強制轉到 STDOUT 的流向（2>&1，&1 代表 STDOUT 標準輸出的方向），由於 STDOUT 會把訊息重導到 log.txt，所以現在不論是哪一些輸出都會轉到 log.txt。

```
student$ ls sample2 > log.txt 2>&1
```

結果如下：

```
student$ cat log.txt
ls: cannot access sample2: No such file or directory
```

讓我們把上面的指令修改為列出 sample 檔案，因為 sample 檔案是存在的，所以會經由「> log.txt」輸出，因此內容會是 sample。

```
student$ ls sample > log.txt 2>&1
student$ cat log.txt
sample
```

在同一指令中，以附加的方式儲存內容

現在我們已經能夠把所有訊息在同一指令中進行分拆或是整併到同一檔案中。同理在某些情境中，我們更想要把這些內容以附加的方式進行儲存，而不是清空後再存進去，在這種情境下一樣可以使用「>>」完成。我們使用 ls 列出檔案，不論其成功或失敗，都以附加方式轉存到 log.txt。

刪除原有的 log.txt：

```
student$ rm log.txt
```

轉存訊息到 log.txt：

```
student$ ls sample >> log.txt 2>&1
student$ ls sample2 >> log.txt 2>&1
```

查看檔案：

```
student$ cat log.txt
sample
ls: cannot access sample2: No such file or directory
```

由上述的流程可以瞭解，透過「>>」的方式，可以同時存到 STDOUT 與 STDERR 的資訊，讓我們可以保留更完整的訊息。

5.3 ┊ 管線應用

管線（或管道）應用在 Linux 中是匿名管道的一種，屬於單向的文字資訊流。我們可以把每個程式的訊息輸出視為水流，使用水管把這些水流導到另一個程式，這就是「管線」的概念。

從先前的說明裡，我們已經知道每個行程都會有 STDIN、STDOUT 與 STDERR 等訊息輸入與輸出流，以大部分處理串流（如訊息類）形式的程式來說，STDIN 也可以是前一個行程的輸出，但這個輸出必須是前一行程的 STDOUT 才行。

若要把行程的 STDOUT 交給另一程式的 STDIN 做後續處理，那麼我們可以使用管導（PIPE）符號「|」進行連接，如圖 5-3 所示。

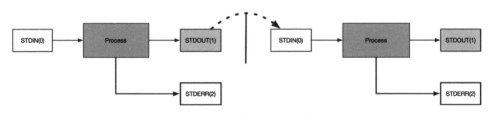

圖 5-3　將 STDOUT 透過 PIPE 導到下一程式

🐧 PIPE 應用方式

以下透過一個簡單的實作，就能夠觀察到 PIPE 的應用方式。

透過 PIPE 傳給 grep 找出 sample 字串

我們使用「ls –l」檢視 sample 檔案後，透過「|」傳給 grep 找出 sample 字串，其參考指令如下：

```
student$ ls -lh sample | grep sample --color
-rw-r--r-- 1 student student 1.8K Aug 25 16:44 sample
```

　　在上面的輸出中，我們會看到 sample 字串有紅色字樣，這個紅色字樣是由 grep 所套用，由於紙本印刷關係，上列輸出是以粗體字作爲檢示。

　　透過下列的方式，我們刻意列出不存在的 sample2 進行測試，再看看是否能被 grep 接收到：

```
student$ ls -lh sample2 | grep sample --color
ls: cannot access sample2: No such file or directory
```

　　在上面的輸出結果中，可以看到沒有任何字串有紅色字樣，代表這個訊息沒有流到 grep 中。而我們得到的輸出結果：

◆ 只有 STDOUT 的訊息，才能透過 PIPE 流到另一個程式。

◆ 如果發生了 STDERR 的情況時，那麼整個流程會停在有問題的階段，不會再繼續處理。

把 STDRR 的訊息透過 PIPE 傳到下一行程

　　若我們需要把 STDRR 的訊息也透過 PIPE 傳到下一行程的話，可以使用下列方法：

```
student$ ls -lh sample2 2>&1 | grep sample --color
ls: cannot access sample2: No such file or directory
```

　　透過訊息重導的技巧，就可把原本流到 STDERR 的方向全部轉到 STDOUT，此時可以看到 sample2 的 sample 字被套入紅色字樣，由於紙本印刷關係，上列輸出一樣以粗體字作爲檢示。

　　我們可以使用多個 PIPE 串接這些文字流，像是透過 ls 得到 sample 的列表，再傳給 grep 再傳給 awk，最後由 awk 取得第 3 欄（也就是 student）的擁有者資訊，其作法如下：

```
student$ ls -lh sample | grep sample | awk '{print $3}'
student
```

把 STDIN 的內容儲存到指定檔案

延伸以上的例子，對於除錯作業來說，若想要知道 grep 傳送了哪些文字到 awk 的話，我們可以使用 tee 來協助，tee 可以把來自 STDIN 的內容儲存到指定檔案，然後原封不動地把文字流輸出到下一程式。

以下示範把 grep 傳來的文字存成 tee.txt：

```
student$ ls -lh sample | grep sample | tee tee.txt | awk '{print $3}'
student
```

完成後，查看 tee.txt 內容：

```
student$ cat tee.txt
-rw-r--r-- 1 student student 1.8K Aug 25 16:44 sample
```

透過以上的例子，我們瞭解如何操作訊息流向與補捉特定階段的內容，但也要特別留意在多個 PIPE 管道連接時，由於只有 STDOUT 才會透過 PIPE 傳到下一程式，所以只要中間出錯，整個流程就會停在出錯的指令上，不會再流下去。

6

系統資源檢視

作業系統管理作業裡，檢視系統資源是一件非常重要的事。要能夠判斷出系統是否正常運作，就要先瞭解行程運作相關知識以及各項硬體資源的資訊。

在本章中，我們將討論有關行程運作方式以及各項硬體資源使用的資訊，讓讀者在操作系統時容易瞭解系統運作情形。

表 6-1　本章相關指令與檔案

重點指令與服務		重點檔案
• top	• ethtool	• /prco/cpuinfo
• ps	• df	• /proc/meminfo
• kill	• sar	
• free	• iostat	
• uptime		

6.1　行程運作與硬體資訊

作業系統運作時，有很多層面要考量，Linux 核心的主要工作之一就是負責進行硬體資源的調度，把合適的資源提供給行程使用。運作時涉及的層面眾多，對於 Linux 管理者來說，理解其內部運作，在維運時更能全面性評估系統狀態。

以現今的資訊基礎設施架構裡，很多企業已轉為虛擬化機制，甚至是部署到雲端架構中，雖然這是一個趨勢，但是仍有不變的重點項目必須瞭解。

首先我們要知道一個應用程式在運作時要滿足哪些需求，對應應用程式的請求可能從使用者或是其他主機來。以 Web 應用程式來說，要滿足用戶的請求，不見得只有應用程式本身的運作，可能還包含了資料庫、網路或儲存等需求。

每個資訊系統之所以能夠正常運作，都是由基礎建設提供必要的實體資源，就算在虛擬化架構中，虛擬主機的規格也應視為基礎建設資源概念的一種，所以透過需求的產生，我們會評估該使用什麼樣的資源來讓應用程式可以順利運作。

　　應用程式如何運作,這就要依賴作業系統核心來處理了,所以我們在管理 Linux 系統時,就常常聽到要觀察硬體資源的使用量,以確保有足夠的資源讓程式運作並提供服務的說法。

　　由於基礎建設需要投入一定的成本,所以企業營運時就會對此錙銖必較,當我們瞭解了這些運作原理後,也在需求產生時能夠評估出可應付的資源規格,避免出現低估或高估實際使用量的機率。

　　我們會在此針對幾個一般應用程式維運時的需求進行瞭解,而關於 Linux 核心在系統資源的分配作業所要討論的範圍很廣,基本上可以獨立出來成為一門學科,也超出了本書設定的內容,在此只針對大方向做廣義性探討。

6.1.1　主要硬體資源

　　現今的企業環境和高效能計算中,對硬體資源的需求日益複雜和精密。以下是一些重要的硬體元件的簡單介紹:

處理器（CPU）

◆ **單核心與多核心**:多核心處理器可以同時處理多個行程,進而提高系統的並行處理能力。

◆ **處理速度**:CPU 的時脈速度和架構決定了處理能力,是影響整體系統效能的重要因素。

記憶體（RAM）

◆ **容量**:足夠的記憶體容量可以確保行程快速讀取和寫入資料,避免使用交換記憶體（SWAP）造成系統負載。

◆ **ECC RAM**:錯誤校正碼記憶體可以自動更正資料錯誤,增強系統的穩定性和可靠性,尤其適用於資料庫等重要應用。

磁碟儲存（Disk）

◆ **硬式磁碟（Hard Disk）**：是屬於機械式運作方式，其效能與固態硬碟（SSD）相比的話，自然是有其物理瓶頸上限，但硬式磁碟（HDD）可以提供大容量儲存空間。

◆ **固態硬碟（SSD）**：SSD 運作是使用電子傳送方式來做處理，所以能夠提供更快的讀寫速度，但成本較高。隨著技術的演進，現在 SSD 也提供了大容量的儲存空間，例如：超過 1TB 的儲存容量已經越來越普級。

磁碟效能的 I/O 效能攸關資料存取表現，好的效能可以提升系統開關機與程式對於檔案存取的效率，是系統效能的關鍵指標之一。

6.1.2　行程運作與使用資源

在 Linux 作業系統中，「行程」是作業系統把程式執行起來後進行管理的基本單位，行程執行時需要使用硬體資源，這些資源是由 Kernel 進行統一管理與分配。Kernel 進行資源分配時，需要考量很多項目，這些項目包含：

CPU 時間與多核心應用

◆ **CPU 時間分配**：作業系統會依據優先等級和公平性原則，分配每個行程在 CPU 上執行的時間。適當的分配策略可以提高系統的回應速度和效率。

◆ **多核心利用**：多核心處理器允許多個行程同時被執行。作業系統的調度器必須考慮如何在多個核心之間分配行程，以實現最佳的負載平衡和資源利用。

記憶體空間的使用

◆ **記憶體分配**：每個行程需要一定的記憶體空間來存放指令和資料。如果行程需要讀取檔案，這些檔案的內容通常會被暫存到記憶體中作為快取，方便程式快

速存取。作業系統必須確保記憶體的合理分配，既要避免浪費，也要防止記憶體不足影響系統效能。

◆ **交換空間（Swap）機制**：當實體記憶體不足時，作業系統會利用硬碟的一部分作為交換空間，稱為「Swap 空間」，這樣可以避免系統記憶體不足時行程當機，確保行程能繼續運作。

磁碟操作

◆ **讀寫緩存與延遲寫入**：當行程寫入資料時，Linux Kernel 會將資料先存入記憶體中的快取，並不是立即寫入硬碟，這樣做可以加快寫入速度，因為記憶體存取速度比硬碟快得多。Kernel 會依不同的機制，把這些資料批次寫入硬碟，透過這樣的作法來提高資料儲存效率。

這些硬體資源的管理需要作業系統有高度的協調和調度能力，透過精確的資源控制，可以確保系統的穩定性、回應速度和效能。瞭解這些機制，有助於我們在進行程式開發和維護系統時，做出合適的解決方式。

6.2 系統資訊使用情況

在 Linux 環境中，「瞭解和判別系統資源使用情況」是系統管理員的主要工作之一，這不僅有助於提前發現可能出現的問題，也是評估提升系統效能的基本作業。但在我們探討之前，首先需要明確瞭解哪些項目值得關注。

以下是一般維護時要考量的指標項目：

◆ CPU 使用率。

◆ 系統負載。

◆ 記憶體使用情況。

◆ 磁碟空間和 I/O。

◆ 網路流量。

在作業系統中，知道使用什麼工具來得到上列資訊是第一步，實際的資源管理更是一個持續的過程，例如：發現 CPU 使用率持續高時，不只是需要留意，更可能是要進行程式改良或進行硬體升級。

瞭解和妥善管理系統資源使用情況，是任何健全 IT 環境裡不可或缺的工作。透過對重要項目的觀察，乃至於持續監控和實際應用，不僅能確保系統的穩定運作，還能提升整體的效能和安全性。

6.2.1　CPU 使用率

俗話說：「工欲善其事，必先利其器」，面對作業系統中「行程管理」這個大議題，如果沒有一個好用的工具來協助，肯定會讓人覺得一個頭二個大，好在大部分 Linux 發行版預設會提供 top 指令，讓管理者即時進行系統監控，它能即時提供系統執行狀態，包括 CPU 使用率、記憶體使用量、正在執行的行程列表、其他各種系統資源的狀況。

🐧 top 指令

top 指令的常用資訊如下：

◆ **CPU 使用率**：顯示系統單個或多個 CPU 核心的使用率。

◆ **記憶體與 Swap 狀態**：顯示系統 RAM 和 Swap 的使用狀況。

◆ **行程資訊**：列出目前正在執行的行程，並顯示它們的執行狀態、CPU 和記憶體使用率等。

◆ **系統負載**：顯示 1 分鐘、5 分鐘和 15 分鐘的平均負載。

登入系統後，使用終端機執行 top 指令，可直接在終端機中輸入：

```
student$ top
```

我們會得到如下的互動式輸出：

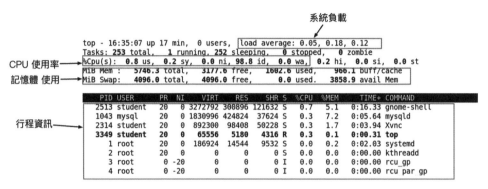

圖 6-1　top 所顯示的系統資源使用狀態

top 是一種互動式程式，我們可以在程式運作時，輸入快速鍵來執行特定功能，常用功能如下：

◆ q：退出 top。

◆ u：顯示特定使用者的行程。

◆ k：關閉 / 終止指定的行程。

◆ r：改變指定行程的執行優先權。

透過 top 工具，可以獲得即時的系統資訊，也能夠進行簡單的行程管理，是我們在做系統監控時非常有用的一個工具。

6.2.2　系統負載

「系統負載」（System Load）通常是用來衡量一個系統在一段時間內的工作量。這個指標可以用來評估系統是否過載，或者是否有足夠的資源來應對更多的工作。在 Linux 環境中，這通常透過「負載平均值」（Load Average）來表示。

🐧 影響系統負載的因素

影響系統負載的原因有很多，實務上常見影響高負載的原因如下，供讀者參考：

◆ **核心數量**：擁有多個核心的系統可以處理更多的負載。因此，負載平均值應與核心數量相比較，如果負載平均值超過邏輯總核心數（通常也包含啟用 Hyper Threading 後的加總），我們通常會將它認為系統過載。

◆ **I/O 狀態**：如果系統負載高，但 CPU 使用率不高，那麼可能是磁碟 I/O（輸入 / 輸出）造成的。在這種情況下，需要查看 I/O 使用情況。

◆ **記憶體使用**：如果記憶體使用接近或已達上限，則系統可能會變慢，這也會影響負載平均值。

◆ **其他資源**：網路頻寬、磁碟空間等也是可能影響系統負載的因素。

◆ **行程狀態**：需要注意是否有異常的行程（例如：CPU 或記憶體使用過高）影響整體負載，有時在規格較低的主機中，同時執行過多的行程也會照成系統負載增加。

透過綜合評估這些因素，可以更準確地判斷系統的實際負載狀態，進而採取適當的處理方式。

🐧 查詢系統負載資訊

在作業系統中，我們透過 uptime 可以查詢系統負載資訊：

```
student$ uptime
 23:18:12 up 120 days,  8:22,  1 user,  load average: 0.00, 0.01, 0.05
```

在上列輸出項目，我們比較在意 load average 的數值，load average 是一個用於評估系統狀況的重要指標，它表示在一段時間內系統中等待 CPU 時間的行程數量，這三個數字來對應過去 1 分鐘、5 分鐘和 15 分鐘的平均負載，這個訊息也可以透過 top 第 1 行的輸出得到相同資訊。

其意義簡述如下：

◆ **1 分鐘**：這個數字表示最近 1 分鐘的即時負載狀態，較適用於觀察短期變化。

◆ **5 分鐘**：這個數字相對平穩，適合用來評估系統的中期狀態。

◆ **15 分鐘**：這是一個長期的平均值，能夠提供對系統穩定性和效能的整體評估。

雖然我們知道 Load Average 常用來表示系統負載狀況，但這個數字本身不是百分比形式的。一個負載平均數為 1.0，在單核心 CPU 上，代表系統完全被使用，而在 4 核心 CPU 上，則只占用了 25% 的資源。

在作業系統中，我們可以使用 /proc/cpuinfo 檔案裡的 processor 索引，得知主機有多少 CPU 核心，編號索引由 0 開始。我們可以透過下列方式來快速得知內容：

```
student$ grep processor /proc/cpuinfo
processor   : 0
processor   : 1
processor   : 2
processor   : 3
```

從以上的輸出可以得知主機上有 4 個 CPU 核心，因此在實務上我們可以透過 Load Average 的值，再和主機中的 CPU 核心數加以計算，讓它呈現百分比化，如此一來，較容易進行評估。

如果想將負載平均數轉化為百分比形式，首先需要知道系統的 CPU 核心數量，然後使用以下的計算方式：

（負載平均數 / 核心數量）* 100 = 負載百分比

假設一個 4 核心 CPU 系統的 1 分鐘負載平均數為 1.6，則其百分比化算法為：

$(1.6 / 4) * 100 = 40\%$

這代表系統的負載為 40%，不過這種百分比化的方式並非絕對準確，但可以提供一個相對直覺的方式來理解系統負載。

　　百分比化的系統負載有可能超過 100%，但這不代表整個系統的負載已經到達了臨界點，而是代表硬體資源正在充分被使用，但如果超過了 150% 以上，則必須開始介入處理找出高負載的原因，以避免系統更進一步造成當機。

6.2.3　記憶體使用狀態

　　在 Linux 作業系統中，「記憶體使用狀態」是影響系統效能關鍵因素之一。正確掌握和管理記憶體資源，能確保系統執行的順暢與效能。

🐧 評估記憶體資訊

　　在記憶體的檢查項目指標中，有幾個項目是我們關心的：

◆ 使用中的記憶體（Used Memory）：正在被行程使用的記憶體量。

◆ 可用記憶體（Free Memory）：目前未被使用，可供新行程使用的記憶體。

◆ 緩衝（Buffers）：行程用於儲存臨時資料的記憶體空間。

◆ 快取（Cached）：用於儲存頻繁存取的檔案或資料內容。

◆ Swap 使用率：當主記憶體不足時，將不常用的資料移動到 Swap 空間中的數量，以釋放更多的 RAM 供程序使用。

　　在實體伺服器主機中，我們會使用有 ECC（Error-Correcting Code）功能的記憶體，它是一種具有錯誤校正功能的記憶體，常用在需要高度可靠性的場景，例如：資料庫，這類記憶體能自動修正單位錯誤，從而提高系統的穩定性。

　　在評估記憶體資訊前，我們要先瞭解資料、記憶體、CPU 運算與磁碟的關係。主記憶體與作業系統的運作時，大部分管理員都知道它是用來儲存臨時資料的地方，但實際上它也作為「資料緩衝」（Buffer）和「快取」（Cache）的角色，這兩種機制不僅讓主記憶體是一個簡單的資料儲存區，更能提高資料處理的效率。

程式使用檔案進行處理完成後，再把結果儲存起來，雖然這是非常常見的應用，但是在系統核心中有相當多的步驟在執行，完整的資料流程甚至超出本書的範圍。以圖 6-2 所示，以下為簡單概念流程說明：

◆ **從硬碟讀取**：當需要讀取儲存在硬碟上的資料時，作業系統會先將這些資料載入到記憶體 Cache，再對應到行程的 Buffer。

◆ **CPU 處理**：當 CPU 需要這些資料時，它會首先查詢 CPU 內部快取。如果找不到，則會從行程 Buffer 或直接從主記憶體中讀取。

◆ **回寫硬碟**：在資料被修改後，Buffer 裡被修改的資料會被註記，直到有適當的時機，再寫回硬碟。

透過緩衝（Buffer）和快取（Cache）的機制，主記憶體成為了一個高度動態和高效率的資料處理中心，提高系統的整體效能和反應速度，這些機制也有助於降低 CPU 與 I/O 裝置之間速度差異所可能帶來的效能瓶頸。

在 Linux 中，為了提升檔案存取效率，會儘量充分使用記憶體空間作為快取，所以我們也會看到在系統中 Buffer/Cache 的值大於實際使用量。

圖 6-2　資料存取時各元件關係

🐧 檢查目前記憶體使用狀態

在作業系統中，我們可以使用 free 指令來檢查目前記憶體使用狀態，free 程式會讀取 /proc/meminfo 後，再加以整理輸出，成為我們看到的結果，由於 free 預設輸出為 byte 來顯示，使用 -h 參數較能讓我們理解其使用單位。

輸出結果如下：

```
student$ free -h
          total    used    free   shared  buff/cache   available
```

```
Mem:      3.6Gi   308Mi   867Mi    73Mi      2.5Gi       3.0Gi
Swap:     2.0Gi     0B    2.0Gi
```

以上輸出在 top 輸出中，也有包含相同的資訊。而上述的輸出中，有 Mem 與 Swap 等 2 個項目：

主記憶體資訊（Mem）

◆ total：總共的物理記憶體大小（3.6Gi）。

◆ used：目前使用中的記憶體（308Mi），但不包括被當作 buff/cache 的記憶體。

◆ free：實際未使用的記憶體（867Mi）。

◆ buff/cache：被用作緩衝和快取的記憶體（2.5Gi）。

◆ available：能夠供新應用程式使用的記憶體（3.0Gi）。

交換空間資訊（Swap）

◆ total：總 Swap 空間（2.0Gi）。

◆ used：目前使用中的 Swap 空間（0B）。

◆ free：未使用的 Swap 空間（2.0Gi）。

在一般日常維護中，有一些重要的維護指標需要檢查如下：

◆ used：顯示多少記憶體正在被用於系統行程。這是系統真正正在使用的記憶體。

◆ free：顯示多少記憶體是完全未使用的，並可被分配給新的行程。

◆ buff/cache：顯示多少記憶體被用作緩衝（Buffers）和快取（Cached）。

◆ Swap used 和 free：Swap 的使用狀況也非常重要。若 Swap 區域中的 used 非常高，可能代表系統記憶體不足。

在這個例子中，available 的值是 3.0Gi，表示還有大量的「有效」記憶體可以被新的行程使用，即使 free 顯示為 867Mi，這是因為 buff/cache 內的記憶體大部分可以被迅速釋放並分配給需要的行程。

此外，Swap 的 used 是 0B，表示記憶體是足夠的，沒有使用到 Swap，一般來說，這是一個好的指標。

在進行維護時，我們只檢查 free 是不夠的，也應該留意 available 數量，以獲得系統記憶體真正可用狀況，並且確保 Swap 在低使用率的狀態。

{說明}　由於主記憶體裡也會包含還沒有寫回硬碟裡的資料，但主記憶體裡的資料在沒有電的情況就會消失，所以筆者常常建議客戶在重要的系統上加裝不斷電系統，讓記憶體裡的資料有足夠時間寫回硬碟。

6.2.4　交換區管理

在整個作業系統運作中，「記憶體」扮演極為重要的角色，但由於它的容量是有限的，有時候系統裡的程式會大量且頻繁地進行資料存取（如檔案伺服器），在這種情境下可能會使用很多的記憶體，此時作業系統會把存放在記憶體裡暫時沒有使用資料區段移動到磁碟交換區（SWAP），此一行為稱為「Swap-out」；當程式需要這些資料時，作業系統又會把放在交換區裡的資料讀回記憶體，稱為「Swap-in」，如此來回操作記憶體裡的資料，其運作流程如圖 6-3 所示。

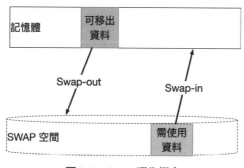

圖 6-3　Swap 運作概念

🐧 磁碟交換區型態

通常在作業系統安裝的時候，預設會劃分一部分的容量作爲交換區，讓記憶體做交換使用。交換磁碟可以有三個型態，分別爲「單一磁碟」、「分割區」與「檔案」，如下表所示：

表 6-2　交換磁碟型態

項目	單一磁碟	分割區	檔案
成本	高	中	低
效率	高	中	低
擴充彈性	低	中	高

🐧 評估磁碟交換區

與記憶體速度相比，由於磁碟是屬於慢速周邊，頻繁使用 SWAP，可能會產生系統高頻率的等待行爲，進而讓系統負載增加，所以建議使用 SSD 作爲 SWAP 空間使用。

有時交換區會被看成是記憶體的延伸，但由於交換資料是存放在磁碟，所以在記憶體資料在做交換時，會產生一定量的磁碟 I/O，如果 I/O 操作很頻繁、SWAP 有使用、記憶體又被充分使用的話，就要評估增加記憶體。

查看 SWAP 目前的狀態

我們可以透過 swapon -s 指令查看 SWAP 目前的狀態：

```
root# swapon -s
Filename        Type        Size        Used    Priority
/dev/dm-1       partition   5242876     0       -2
```

由於SWAP可以動態增加，若遇到無法關機，又要臨時增加SWAP的情況下，可以考慮使用檔案型的交換檔。

新增 SWAP 空間

先前介紹SWAP可以使用檔案的方式存在，因此我們可以實作作業系統中產生100MB的交換空間練習使用。

查看目前記憶體資訊：

```
root# free -m
          total     used     free    shared   buff/cache    available
Mem:       5642     1649     3038        25         1228          3992
Swap:      5119        0     5119
```

以上輸出得知現行配置的SWAP大小為5119MB，預期將之增加至100MB。

透過下列指令，產生一個100MB大小的檔案：

```
root# dd if=/dev/zero of=/opt/swap.img bs=1M count=100
100+0 records in
100+0 records out
104857600 bytes (105 MB, 100 MiB) copied, 0.058846 s, 1.8 GB/s
```

由於SWAP有可能存放敏感資料，所以除了root之外其他帳號都不應該有權限，將之設定為只有root可以讀寫：

```
root# chmod 600 /opt/swap.img
```

使用mkswap產生SWAP專用格式：

```
root# mkswap /opt/swap.img
Setting up swapspace version 1, size = 100 MiB (104853504 bytes)
no label, UUID=c5422a5c-890e-4d6f-945f-d457fd151bd6
```

啓用 SWAP：

```
root# swapon /opt/swap.img
```

透過 swapon –s 查看新增後狀態：

```
root# swapon -s
Filename          Type       Size       Used    Priority
/dev/dm-1         partition  5242876    0       -2
/opt/swap.im      file       102396     0       -3
```

由以上輸出可看到，新增的檔案型交換檔已經套用。在 Used 中是指該類型使用了多少空間，Priority 是指被使用的順序，數字越大則越先被使用。

使用 free 查看 Swap 欄位，確認新增了 100MB 的空間：

```
root# free -m
          total     used     free    shared   buff/cache   available
Mem       5642      1630     2957     25        1328         4012
Swap:     5219      0        5219
```

移除 SWAP 空間

若要刪除指定的 SWAP，使用 swapoff 即可完成。其作法如下：

```
root# swapoff /opt/swap.img
```

查看 Swap 可用空間縮小：

```
root# free -m
          total     used     free    shared   buff/cache   available
Mem       5642      1638     2948     25        1329         4003
Swa       5119      0        5119
```

開機自動啟用新 SWAP

若要在開機時，自動啟用 Swap 交換檔案，可以在 /etc/fstab 中新增一筆相關紀錄如下，設定結果如圖 6-4 所示。

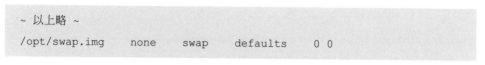

```
~ 以上略 ~
/opt/swap.img      none      swap      defaults    0 0
```

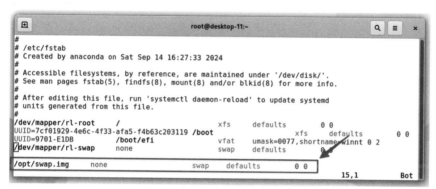

圖 6-4　SWAP 設定開機自動啟用

🐧 SWAP 配置參考

大多數情況下，在系統安裝時會配置 SWAP 的空間，但是應該分配多少空間卻是個困難的決定。

以筆者查詢 RHEL 9 相關檔案，大多數應用場景建議配置的實體記憶體與 SWAP 配置對應參考，如下表所示。

表 6-3　實體記憶體與 SWAP 配置對應參考

實體記憶體大小	建議 SWAP 大小
小於 2GB	4GB
2GB~8GB	與主記憶體相同
8GB~64GB	至少 4GB

實體記憶體大小	建議 SWAP 大小
大於 64GB	至少 4GB

※資料來源：https://docs.redhat.com/en/documentation/red_hat_enterprise_linux/9/html/managing_
storage_devices/getting-started-with-swap_managing-storage-devices#recommended-
system-swap-space_getting-started-with-swap

{說明}　SWAP 有時就像腎上激素一樣，看起來可以充當記憶體使用，但是在主記憶不足時，最好還是評估增加記憶體空間，才是比較好的解決方案，如此才能讓應用程式運作順暢。

6.2.5　磁碟空間與磁碟 I/O

由於現在的伺服器大多已經進行虛擬化，所以大部分的系統管理員對實際硬體層面的資源比較沒有控制權，但是 VM 層級的管理上，仍然需要留意磁碟與 I/O 的使用效率。

檢查磁碟可用空間

針對磁碟空間，通常會檢查可用空間，使用 df 工具來取得空間的使用狀況。

df 使用 -h 參數可以把容量轉換成合適單位讓我們查看，其輸出如下：

```
student$ df -h
Filesystem      Size  Used Avail Use% Mounted on
/dev/sdb2        50G   46G  4.2G  92% /
devtmpfs         16G     0   16G   0% /dev
tmpfs            16G     0   16G   0% /dev/shm
tmpfs            16G  170M   16G   2% /run
tmpfs            16G     0   16G   0% /sys/fs/cgroup
/dev/sda        894G  886G  8.7G 100% /VM
/dev/sdb1      1014M  180M  835M  18% /boot
tmpfs           3.2G     0  3.2G   0% /run/user/0
```

在上述的例子中，維護時我們會查看 /dev/ 目錄開頭的資訊，這是實際上磁碟裝置的資訊。經過簡化之後，分析如下：

◆ **/ 目錄**：使用了 92% 空間，雖然還有 4.2G 的可用空間，但這有可能是被大檔案或是沒有清掉的垃圾所占滿，這需要進一步檢查。

◆ **/VM**：這個目錄有獨立的磁碟空間，但是已經使用了 100%，這種被獨立出來又快要用滿的情況我們需要特別留意，可能是應用程式產生的資料會放在這裡，如果讓磁碟完全用滿則可能會造成應用程式異常。

◆ **/boot**：這是一個健康的目錄，它被獨立出來，但使用空間只用了 18%，代表這個目錄的空間還很充足。

🐧 查看檔案數量

除了我們熟知的磁碟空間之外，還有另一個議題是「查看檔案數量」。檔案數量指的是在一個磁碟區中，都會有可放置的數量上限，這個上限在一開始規劃好檔案系統時，就已經決定了。通常越大的容量會有較多的可存放數量，在 Linux 中，不管是檔案或目錄，都會占一個數量份額（1 個檔案 1 個）。

檔案和目錄在 Linux 檔案系統裡，它們的檔案屬性是放在一個索引節點中，這個索引節點叫做「inode」，記載的項目大致如下：

◆ **檔案類型**：標識這是一個普通檔案、目錄、符號連結、還是其他類型的項目。

◆ **權限**：檔案的存取權限（讀、寫、執行等）。

◆ **擁有者和群組**：檔案的擁有者和所屬群組的 ID。

◆ **時間戳記**：包括檔案的建立時間、最後存取時間和最後修改時間。

◆ **檔案大小**：檔案的大小。

◆ **資料位置指向**：指向儲存實際檔案在磁碟中的確切位置。

◆ **連結數量**：檔案或目錄的硬連結數量。

我們可以使用 df 的 -i 參數，再透過 grep 找出輸出表的第 1 行與 /dev 為開頭的資訊，得知每個掛載目錄可以存放的物件數量與使用量：

```
student$ df -i | grep -E '^\/dev|Filesystem'
Filesystem          Inodes IUsed    IFree IUse% Mounted on
/dev/sdb2         26214400 38019 26176381    1% /
/dev/sda          18070760   384 18070376    1% /VM
/dev/sdb1           524288   334   523954    1% /boot
```

從上列輸出中，可以看到每個磁碟可以存放的 Inodes 數量與 Iused 數量。要特別注意的是，如果應用程式時時刻刻會寫入小檔案到指定目錄且沒有清理作業的話，就可能造成 IUsed 達到完全使用的狀態，此時就算有多餘的容量也無法再寫入。

查看某個時間點的磁碟存取操作

在磁碟 I/O 的管理上，我們可能無法完全瞭解磁碟讀寫效能，但是能夠透過 I/O 資訊查看某個時間點上磁碟操作是否特別頻繁，如果是非預期的時間點有大量的磁碟存取，那就必須進一步的介入檢查。

針對基本的磁碟 I/O 檢查，我們使用 iostat 加上 -d 參數，可以得到較多的資訊，一共採樣 2 次，每次相隔 1 秒，代表 1 秒內發生的數值，使用 awk 篩選這些數值取得其 1、4、5、6、7、14 欄位，其結果如下：

```
student$ iostat -dx 1 2 | awk 'BEGIN {OFS="\t"}; NR > 6 {print $1, $4,
$5, $6, $7, $14}'
Device:     r/s     w/s    rkB/s    wkB/s    %util
Sdb        0.00    0.00     0.00     0.00     0.00
Sda        0.00    0.00     0.00     0.00     0.00
```

透過上面的範例輸出，得出下列資訊：

◆ sdb 和 sda 都沒有讀寫操作（r/s 和 w/s 為 0）。

◆ 讀取和寫入的速度（rkB/s 和 wkB/s）也是 0。

◆ 磁碟的利用率（%util）也是 0，代表磁碟的使用率很低。

　　以上的結果顯示採樣期間沒有任何磁碟存取活動，使用率也很低。如果在非預期的時間點裡，%util 升高、甚至到達 100% 的話，代表系統對於磁碟操作很頻繁，此時我們就要查看是否有特定的程式活動；若是常態性又有重要系統在運作時，高 %util 代表磁碟的速度無法完全滿足系統操作的需求，在主機資源層面則需要考慮是否放寬 VM 的 I/O 限制，或是提升儲存設備的存取能量。

> 【説明】　高磁碟 I/O 如果伴隨著高 CPU 與 Load Average，則要檢查是否有程式進行大量的磁碟操作，如果是程式的必要行為，則可能是磁碟效率無法滿足程式運作所需，要進一步評估磁碟升級。

6.2.6　網路狀態

　　以企業主的角度來看，任何的系統都希望是被充分應用的，尤其是對外的行銷 / 銷售等和營收有關的系統。這些期望應該會反應在網路流量上，我們很難看到在沒有使用者使用的情況下，無故發生網路使用量變高，或是在高使用率的系統中沒有流量的產生，所以在一般的維護上，可以透過基本檢查確認網路流量的變化。

🐧 查看網路介面的連接狀況

　　在網路資訊檢查，我們使用 ethtool 來查看目前指定實體網路介面的連接狀況，包含了支援速度、目前速度與是否連接等。

　　ethtool 必須提供網路介面代號，可以透過 ip link show 取得所有介面，然後再取得輸出的代號與介面名稱：

```
student$ ip link show | grep '^[0-9]' | awk '{print $1, $2}'
1: lo:
```

```
2: eno1:
3: wlp1s0:
4: br0:
5: virbr0:
6: virbr0-nic:
```

以上輸出得出有 7 個代號，其中 eno1 是實體網路介面。針對我們找出的介面，再使用 ethtool 檢查實體狀態：

```
student$ ethtool eno1
Settings for eno1:
    Supported ports: [ TP ]
    Supported link modes:   10baseT/Half 10baseT/Full
                            100baseT/Half 100baseT/Full
                            1000baseT/Full
    Supported pause frame use: No
    Supports auto-negotiation: Yes
    Supported FEC modes: Not reported
    Advertised link modes:  10baseT/Half 10baseT/Full
                            100baseT/Half 100baseT/Full
                            1000baseT/Full
    Advertised pause frame use: No
    Advertised auto-negotiation: Yes
    Advertised FEC modes: Not reported
    Speed: 1000Mb/s
    Duplex: Full
    Port: Twisted Pair
    PHYAD: 1
    Transceiver: internal
    Auto-negotiation: on
    MDI-X: on (auto)
    Supports Wake-on: pumbg
    Wake-on: g
    Current message level: 0x00000007 (7)
                           drv probe link
    Link detected: yes
```

　　從上面的輸出檢查，可看出目前該介面有和其他節點使用 1000Mb/s 的速度連接，該介面卡也支援了 10/100/1000 速度。

　　除了物理資訊外，使用 sar 指令也可以協助管理員取得系統當下的網路流量。我們使用 sar -n DEV 1 1 取得網路資訊，每秒取樣一次，共輸出一次，最後只取 eno1 介面資訊。

　　其參考結果如下：

```
student$ sar -n DEV 1 1  | grep -E 'IFACE|eno1'
17:06:23  IFACE  rxpck/s  txpck/s  rxkB/s  txkB/s  rxcmp/s  txcmp/s
rxmcst/s
17:06:24  eno1    0.00     0.00     0.00    0.00    0.00     0.00
0.00
Average:  IFACE  rxpck/s  txpck/s  rxkB/s  txkB/s  rxcmp/s  txcmp/s
rxmcst/s
Average:  eno1    0.00     0.00     0.00    0.00    0.00     0.00
0.00
```

　　以上結果顯示，在取樣時間內 eno1 介面沒有任何流量產生。我們可以透過定期的查看來觀查流量變化，以便找出非預期的流量產生。

6.3 系統行程管理

　　Linux 是個多人多工作業系統，擁有強大的行程資源調度能力。程式一旦執行後，它們會使用 CPU 運算，記憶體空間、檔案操作或是網路，雖然在一般的維護上我們無法知道程式運作的內部細節，但是可以透過觀察來看哪些行程在之前不曾看過（資訊安全考量）、使用量異常等現象。

🐧 查看行程資訊

在 Linux 中，檢查行程最常用的工具可能是 top，top 的輸出在先前有提到，以下為部分行程列表有關的資訊：

```
   PID USER     PR  NI    VIRT    RES    SHR S  %CPU %MEM     TIME+ COMMAND
  3206 root     20   0  162012   2288   1588 R   0.3  0.0   0:00.13 top
     1 root     20   0  128248   6916   4196 S   0.0  0.0   2:12.10
systemd
     2 root     20   0       0      0      0 S   0.0  0.0   0:07.21
kthreadd
```

上述是 top 指令從行程列表開始的資訊，每一行代表一個正在運作的行程，我們可以看到幾個常用欄位：

◆ PID（Process ID）：這是行程在作業系統中的唯一識別碼，用來辨識行程的編號。

◆ USER：此項為執行該行程的帳號。

◆ %CPU 和 %MEM：這兩個欄位顯示了行程使用的 CPU 和記憶體百分比，是評估系統效能和資源消耗的重要指標。

◆ TIME+：這個欄位顯示行程自從啟動後使用的總 CPU 時間。對於長時間運作、但消耗資源不多的行程，這個數字可能會很高。

◆ COMMAND：從這裡可以知道行程是如何啟動的，這在診斷問題或確定是否為惡意軟體時很有用。

top 是一個互動式工具，但有時我們想要得到當下系統所有行程資訊，那麼使用 ps 是更有彈性且清楚能夠列出行程資訊的工具。

ps 加上 aux 參數，可以查看系統上所有執行中的行程的詳細資訊。這個指令會顯示許多有關行程的詳細資訊，能幫助系統管理員理解行程的執行狀態、資源使用等。其輸出範例如下：

```
student$ sudo ps aux

USER      PID %CPU %MEM    VSZ    RSS TTY       STAT START    TIME COMMAND
root        1  0.0  0.0 190984   3260 ?         Ss   Jan12  59:16 /usr/lib/
systemd/systemd --switched-root --system --deserialize 22
root        2  0.0  0.0      0      0 ?         S    Jan12   0:11
[kthreadd]
root        3  0.0  0.0      0      0 ?         S    Jan12  52:13
[ksoftirqd/0]
root        5  0.0  0.0      0      0 ?         S<   Jan12   0:00
[kworker/0:0H]
root        7  0.0  0.0      0      0 ?         S    Jan12   1:37
[migration/0]
root        8  0.0  0.0      0      0 ?         S    Jan12   0:00 [rcu_bh]
root        9  0.0  0.0      0      0 ?         S    Jan12  53:55 [rcu_
sched]
root       10  0.0  0.0      0      0 ?         S<   Jan12   0:00 [lru-
add-drain]
root       11  0.0  0.0      0      0 ?         S    Jan12   2:57
[watchdog/0]
root       12  0.0  0.0      0      0 ?         S    Jan12   2:44
[watchdog/1]
root       13  0.0  0.0      0      0 ?         S    Jan12   1:45
[migration/1]
... 以下略 ...
```

以上輸出結果，各欄位為：

◆ USER：行程的擁有者或者執行該行程的帳號名稱。

◆ PID：行程識別碼。

◆ %CPU：正在使用的 CPU 使用率。

◆ %MEM：正在使用的 RAM 使用率。

◆ VSZ：虛擬記憶體大小（單位為 KB）。

◆ RSS：Resident Set Size，實際使用的記憶體大小（單位為 KB）。

◆ **TTY**：與行程相關聯的終端類型（如果有的話）。

◆ **STAT**：行程的狀態。例如：R（執行中）、S（睡眠中）、Z（僵屍）等。

◆ **START**：行程啟動時的時間。

◆ **TIME**：到目前為止，該行程消耗的總 CPU 時間。

◆ **COMMAND**：用於啟動行程的命令。

若想要瞭解行程的上下關係，那麼可以透過 -f 來查看：

```
student$ sudo ps auxf
... 以上略 ...
root       15465  0.0  0.0  68092  1628  ?          Ss    00:03   0:00
nginx: master process /usr/sbin/nginx
apache     15466  0.0  0.1  68240  4348  ?          S     00:03   0:00
\_ nginx: worker process
apache     15467  0.0  0.1  68240  4352  ?          S     00:03   0:00
\_ nginx: worker process
... 以下略 ...
```

以上 ps 的部分輸出中，我們可以得知：

◆ nginx: master process /usr/sbin/nginx 是一個由 root 啟動的主行程。

◆ 其下兩個縮排的行程（nginx: worker process）是由主行程建立的子行程，它們
是由 apache 帳號執行的。

這樣的檢視方式對於瞭解行程的上下關係特別有幫助，在故障排除或是確認服
務的執行機制非常有用。

{說明}　在正常的情況下，行程不應該會被判為 Z（僵屍），如有僵屍行程產生，Linux 核
心會取消該行程對硬體資源的使用，但是會在系統中留下一個 PID 讓管理者進行檢
測。

終止行程

幾乎每個程式都會經歷一個生命週期，執行、運作與結束。除非程式特意設計，否則我們在程式該結束卻沒有如預期般終止運作時，就要透過外部方式把行程關閉，以免造成資源使用過多或繼續執行的情況。

在 Linux 中，我們可以透過 kill 這個指令來關閉指定的行程，終止行程運作之前，要先知道幾個項目：

- **目標行程 ID**：在 Linux 中，每個正在執行的行程都會被指派一個唯一的數字識別碼，可以使用先前介紹的 ps 或 top 找出來。
- **傳送訊號給目標行程**：當我們找到目標後，要傳送哪一個訊號給行程。

kill 指令可以傳送多種訊號給特定的行程，透過 -l 參數可以看到所有可以傳送的訊號：

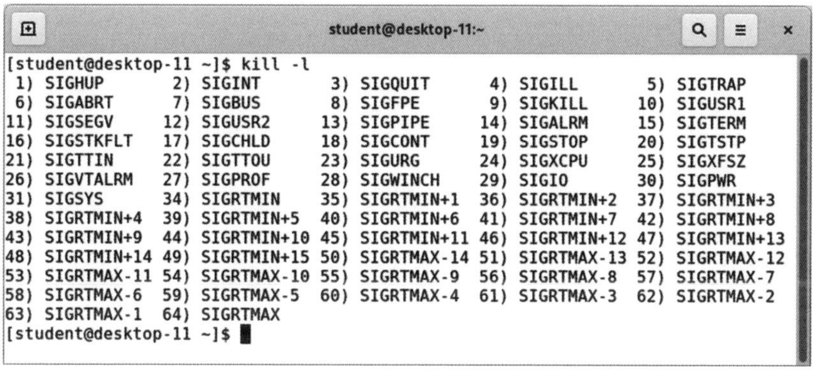

```
student@desktop-11:~
[student@desktop-11 ~]$ kill -l
 1) SIGHUP       2) SIGINT       3) SIGQUIT      4) SIGILL       5) SIGTRAP
 6) SIGABRT      7) SIGBUS       8) SIGFPE       9) SIGKILL     10) SIGUSR1
11) SIGSEGV     12) SIGUSR2     13) SIGPIPE     14) SIGALRM     15) SIGTERM
16) SIGSTKFLT   17) SIGCHLD     18) SIGCONT     19) SIGSTOP     20) SIGTSTP
21) SIGTTIN     22) SIGTTOU     23) SIGURG      24) SIGXCPU     25) SIGXFSZ
26) SIGVTALRM   27) SIGPROF     28) SIGWINCH    29) SIGIO       30) SIGPWR
31) SIGSYS      34) SIGRTMIN    35) SIGRTMIN+1  36) SIGRTMIN+2  37) SIGRTMIN+3
38) SIGRTMIN+4  39) SIGRTMIN+5  40) SIGRTMIN+6  41) SIGRTMIN+7  42) SIGRTMIN+8
43) SIGRTMIN+9  44) SIGRTMIN+10 45) SIGRTMIN+11 46) SIGRTMIN+12 47) SIGRTMIN+13
48) SIGRTMIN+14 49) SIGRTMIN+15 50) SIGRTMAX-14 51) SIGRTMAX-13 52) SIGRTMAX-12
53) SIGRTMAX-11 54) SIGRTMAX-10 55) SIGRTMAX-9  56) SIGRTMAX-8  57) SIGRTMAX-7
58) SIGRTMAX-6  59) SIGRTMAX-5  60) SIGRTMAX-4  61) SIGRTMAX-3  62) SIGRTMAX-2
63) SIGRTMAX-1  64) SIGRTMAX
[student@desktop-11 ~]$
```

圖 6-5　系統可傳送的終止信號

在 Linux 系統中，使用 kill -l 指令會列出所有可用的訊號（signals）。其中，最常用的大概有以下幾種：

- SIGINT (2)：這個訊號通常是由使用者自己發出的，透過按下 Ctrl + C 鍵，讓目標行程終止。

◆ **SIGKILL (9)**：這個訊號會立即終止目標行程，不給予行程任何清理或釋放資源的機會。因為它是一個強制性的終止，所以一般只在 SIGTERM 無效或需要立即停止行程的情況下使用。

◆ **SIGTERM (15)**：這是 kill 指令的預設訊號。當我們送出這個訊號給一個行程時，該行程會收到終止的請求。這個訊號允許行程在結束前有機會釋放資源和進行清理工作。

這些訊號各有其用途和特點，選擇哪一個訊號來終止或控制行程，需要依據具體需求和該行程的特性。

我們可以透過以下練習來瞭解 kill 的用法：

◆ 先在工作平台上開啓二個終端機，然後登入。

◆ 在第一個終端機視窗中，輸入「sleep 600」，等待 10 分鐘。

◆ 在第二個終端機中，找出 sleep 行程，然後關閉它。

圖 6-6　使用二個終端機

透過 ps 找出 sleep：

```
student$ ps aux | grep sleep
student   66435  0.0  0.0 220952  1020 pts/1   S+ 04:40  0:00 sleep 600
student   66469  0.0  0.0 221664  2356 pts/0   S+ 04:40  0:00 grep
--color=auto sleep
```

由上結果所知找到的行程 ID 為 66435，使用 kill 送出結束訊號：

```
student$ kill 66435
```

此時在第一個終端機視窗中，應該可以看到執行的行程被中止了。

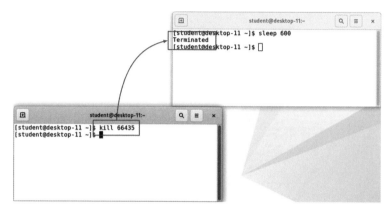

圖 6-7　使用 kill 終止指定的行程

　　kill 預設會傳送 SIGTERM(15) 到指定行程中，所以在此沒有特別指定 kill -15 來
傳送。如果行程沒有依我們預期的結束，通常會採用強制手段來中止目標行程，
也就是使用 kill -9 的方法，這個方法會有效中止正在執行的行程。

 -9 訊號是一個很強烈的手段，可能會造成程式沒有機會回收或寫回檔案資源，進而
{説明}　影響資料完整性，在使用之前要先確認。

7

時間與排程

確保時間準確，雖然看起來是一件小事，但是它影響了整個系統運作的準確性，本章將介紹如何使用相關工具進行設定時間、時區以及網路校時。

自動化作業依賴時間的準確性，當時間設定正確後，管理者就可以使用系統排程作業，進一步讓系統管理更加自動，反覆執行要做的工作來降低人工成本。

表 7-1　本章相關指令與檔案

重點指令與服務		重點檔案
• date	• chronyd	• /etc/chrony.conf
• timedatectl	• chronyc	• /etc/crontab
• hwclock	• crontab	• /var/log/cron

7.1 ┊ 確保時間準確

學習目標　☑ 瞭解時間的重要性。

　　　　　☑ 瞭解時間格式。

　　「時間」對於日常生活和商業活動來說非常重要，「準確的時間」使我們可以讓行程完成該做的事項，並確保工作的效率。例如：當客戶在一個線上購物網站進行採購，這個平台不僅需要確保交易能夠在特定的時間內完成，以維護其完整性，也必須提供流暢的使用體驗。當客戶將商品加入購物車並前往結帳時，時間戳記會用來追蹤一連串活動的順序，確保交易的完整性和一致性，這不僅有助於防止購物車錯誤或交易失敗，也是確保資料完整性和一致性的關鍵。

　　就像在客戶的購物流程中一樣，「準確的時間」在資訊安全領域也是重點要求之一。一個準確的時間戳記是系統安全和辨識的基礎。舉例來說，許多身分驗證系統，如雙因子身分驗證，依賴時間來確保一次性密碼的有效性；此外，各種不同應用系統的日誌檔案也會標記準確的時間，以便於日後追蹤與分析。不準確的時間可能會導致錯誤的資料分析結果、系統失效或資料遺失。

　　無論是在日常應用還是專業的資訊安全環境中,時間的準確性都是關鍵的。在購物流程中,它確保了資料的完整性和使用體驗的流暢性;在資訊安全領域,它是許多安全機制和協定能夠正常運作的基礎,因此「確保時間準確」是資訊科技基礎設施和應用中不可忽視的一環。透過維護準確的時間,我們不僅可以提供更好的服務,也能更有效保護我們的系統和資料。

{說明}　　想像一場賽跑比賽,在起點 A 處時,每位選手的起跑時間都被準確記錄下來,例如:10:00 開始。理論上,選手應該在 10:05 左右到達終點 B,並且時間也會被記錄,但如果起點和終點的計時系統沒有同步,導致終點 B 的時間比起點 A 的時間還要早,就會出現類似「未來選手」的情況:某些選手好像「提前」到達了終點,而這完全偏離了比賽的真實性,這樣的時間錯誤會讓整個比賽結果失去公信力,讓賽跑的公平性受到嚴重影響。

7.1.1　UTC 時間

　　在伺服器中(不論虛擬機或實體主機),都會使用世界協調時間(Coordinated Universal Time,UTC),這是一種用於全球的時間標準,也是各國時間標準的基礎。由於 UTC 的高精確度和穩定性,它被廣泛用於現代電子和通訊設備,包括伺服器和網路基礎設施。多數作業系統和程式設計語言也都使用 UTC,作為預設的時間標準。

　　在作業系統中會取得硬體的時間,硬體時間由電池或是市電進行運作並保持延續,這個時間預設會被作為作業系統的 UTC 時間,所以遇到主機板上的電池與市電都沒有電的時候,硬體時間也會停止運作,進而造成整個系統時間都會出錯。

7.1.2　時間格式

　　我們在很多地方都會看到日期與時間的標示,但是寫法可能因地域和文化而有所不同。在資訊系統中,可以看到幾個常見的日期格式:

- ◆ ISO 8601（國際標準）：YYYY-MM-DD，如 2023-08-18。

- ◆ 美國式：MM/DD/YYYY，如 08/18/2023。

- ◆ 歐洲式：DD/MM/YYYY，如 18/08/2023。

- ◆ 長格式：如 August 18, 2023 或 18th August 2023。

  時間格式如下：

- ◆ 24 小時制：HH:MM:SS，如 14:30:15。

- ◆ 12 小時制（美國）：hh:MM:SS AM/PM，如 2:30:15 PM。

- ◆ ISO 8601 時間：T14:30:15+08:00（與日期結合時），T 代表和日期的分隔符號。

- ◆ 簡單格式：如 14:30 或是 2:30 PM。

美國和一些其他國家通常會使用 12 小時制，並在時間後面加上「AM」或「PM」來區分上午和下午；相對的，許多其他國家則使用 24 小時制。

在資訊系統應用中，ISO 8601 格式（YYYY-MM-DDTHH:MM:SS+00:00）是最廣泛接受和使用的，因為它消除了任何模糊性，並且容易排序和比較。

{說明} 有時我們拿到一個時間敘述的時候，會想進一步知道這是 UTC 時間還是當地時間（Local Time），那麼就要再進一步查詢；若使用 ISO 8601 格式除了好分辨之外，也可以知道這個時間是屬於哪個時區，而不會有分辨不清的情況。

7.2 修改系統時間

學習目標 ☑ 使用 date 與 timedatectl 查看系統時間資訊。

☑ 使用 timedatectl 手動設定系統時間。

7.2.1　查看系統時間

🐧 timedatectl 指令

在 Linux 中，我們可以使用 timedatectl 進行時間的確認。使用 timedatectl 不加任何參數時，可以顯示目前系統時間。timedatectl 會顯示更詳細的資訊，如時區、UTC 世界協調時間等資訊。

```
student$ timedatectl
```

執行結果參考如下：

```
                Local time: Sun 2022-10-23 14:19:11 CST
            Universal time: Sun 2022-10-23 06:19:11 UTC
                  RTC time: Sun 2022-10-23 14:19:09
                 Time zone: Asia/Taipei (CST, +0800)
System clock synchronized: no
               NTP service: inactive
           RTC in local TZ: no
```

從上面的輸出中，我們可以得知下列資訊：

◆ Local time：伺服器目前設定的本地時間。在這個例子中，當地時間是「2022-10-23 14:19:11」。

◆ Universal time：伺服器的 UTC（世界協調時間）時間。在這個例子中，UTC 時間是「2022-10-23 06:19:11」。

◆ Time zone：目前系統時區設定。在這個例子中，時區設為「Asia/Taipei」，這是亞洲臺北的時區，並且是 UTC 加上 8 小時。

◆ System clock synchronized：系統時鐘是否已經與一個外部來源同步。在這個例子中，顯示為 no，表示時鐘沒有同步。

◆ **NTP service**：NTP（網路時間協定）服務是否啟用。在這個例子中，NTP 服務
沒有執行。

上述的資訊讓管理者一目瞭然，知道時間資訊包含是否啟用網路校時等訊息。

而在大部分的操作情境中，若要知道系統目前的時間，我們更常使用另一個老
牌指令：date。

{說明} timedatctl 指令是從 RHEL 7 開始引進的好用工具，它除了可以設定時間之外，也可以修改時區與其他和時間有關的功能，在此之前要透過不同的方式才可以完成。

🐧 date 指令

date 指令可快速查看目前的日期和時間，這是一個非常基礎和常用的指令，不需
安裝額外的套件。

使用 date 指令，會看到如下的輸出：

```
student$ date
```

執行結果參考如下：

```
Fri Aug 18 14:30:15 CST 2023
```

這個輸出提供了系統目前的日期（Fri Aug 18）、時間（14:30:15）以及時區
（CST）。

date 指令有一些選項可以讓我們自訂輸出的格式，像是可以使用下列方式顯示目
前的年份：

```
student$ date +"%Y"
2023
```

在這個指令中，「+」表示我們要自定義日期和時間的格式，而「%Y」是一個特殊的代碼，表示四位數的年份。

如果要知道所有可以使用的格式化代碼，可以使用 man date 來查看 FORMAT 章節。

🐧 timedatectl 和 date 指令比較

◆ timedatectl：提供更全面的系統時間和日期相關資訊，包括時區、NTP 狀態、以及硬體時鐘（RTC）等。

◆ date：更為簡單和快速，適用於需要快速查詢時間和日期的情境。如果需要進行時間自訂格式的輸出，使用 date 更為方便。

兩者都是非常有用的工具，但在不同的情境和需求下，我們可能會選擇使用其中一個。無論是使用 timedatectl 還是 date，都能夠快速而準確地獲取到時間資訊，確保時間的準確性不會影響到日常操作。

7.2.2　手動調整日期時間

若時間發生錯誤，系統可能會發生一些未知的錯誤，我們要使用手動方式進行修正時，此時可以使用 timedatectl 來進行修改。

使用下列方式，把時間調為「2022-01-10 11:00:00」：

```
student$ sudo timedatectl set-time "2022-01-10 11:00:00"
```

再次查看時間，Local time 應顯示我們指定的時間：

```
student$ sudo timedatectl
```

執行結果參考如下：

```
            Local time: Mon 2022-01-10 11:00:19 CST
        Universal time: Mon 2022-01-10 03:00:19 UTC
              RTC time: Mon 2022-01-10 03:00:19
             Time zone: Asia/Taipei (CST, +0800)
System clock synchronized: no
           NTP service: inactive
       RTC in local TZ: no
```

當然，我們可以使用另一個常用的工具 date 來查看與設定系統時間，由於該指令設定時間的格式較為複雜，很多管理者比較無法直覺設定所需要的時間，所以在此以 timedatectl 作為示範。

7.3 ┊ 修改系統時區

學習目標 ☑ 使用 timedatectl 手動設定系統時區。

☑ 將系統時間寫入硬體時間。

7.3.1 手動修改時區

對於一間有國外業務的企業來說，每套系統有可能放在世界的不同地方，此時就會有修改系統時區的需求。我們可以使用先前介紹的 timedatectl 來進行設定。

列出可設定的時區

在 timedatectl 中使用參數 list-timezones，列出可設定的時區：

```
student$ sudo timedatectl list-timezones
```

執行結果參考如下：

```
Africa/Abidjan
Africa/Accra
Africa/Addis_Ababa
Africa/Algiers
Africa/Asmara
Africa/Bamako
Africa/Bangui
Africa/Banjul
Africa/Bissau
Africa/Blantyre
Africa/Brazzaville
Africa/Bujumbura
Africa/Cairo
Africa/Casablanca
~ 略 ~
```

上述結果是全部時區的輸出，從中選出合適的區域。

系統時區設為美國紐約時區

透過下列流程，把系統時區設定為美國紐約時區「America/New_York」。

先查看目前的時間資訊：

```
student$ sudo timedatectl
```

執行結果參考如下：

```
                Local time: Sun 2022-10-23 14:36:59 CST
            Universal time: Sun 2022-10-23 06:36:59 UTC
                  RTC time: Mon 2022-01-10 03:14:14
                 Time zone: Asia/Taipei (CST, +0800)
System clock synchronized: no
```

```
              NTP service: iactive
        RTC in local TZ: no
```

使用 set-timezone 參數，將時區修改為「America/New_York」：

```
student$ sudo timedatectl set-timezone "America/New_York"
```

確認修改完成：

```
student$ sudo timedatectl
```

執行結果參考如下：

```
                 Local time: Sun 2022-10-23 02:37:22 EDT
             Universal time: Sun 2022-10-23 06:37:22 UTC
                   RTC time: Mon 2022-01-10 03:14:37
                  Time zone: America/New_York (EDT, -0400)
System clock synchronized: no
              NTP service: inactive
          RTC in local TZ: no
```

透過以上方式，可以很快速且準確地設定時間，也可以使用相同方式，將時區
設回 Asia/Taipei。其作法如下：

```
student$ sudo timedatectl set-timezone "Asia/Taipei"
```

{說明} 以前沒有 timedatectl 工具時，我們需要使用多個流程才可以設定好時區，對這些流程若不熟悉的話，反而會讓系統時間產生錯誤，所以有了 timedatectl 這個方便工具，就可以減少許多的設定流程，也能減少錯誤。

7.3.2　保存硬體時間

在一台 Linux 主機上，有兩種主要的時間來源：

◆ **硬體時間**（RTC，Real-Time Clock）：這是由主機板上的時鐘晶片維護的時間，這個晶片有獨立的電池供電，所以即使電腦關機或斷電，它也會繼續運作。

◆ **系統時間**：這是作業系統用來管理所有作業的時間，包括檔案時間戳記、排程任務等。

當我們啟動或重啟 Linux 系統時，作業系統會從硬體時鐘讀取時間，然後設定為目前的系統時間，因此作業系統在開機的初期會以硬體時間作為基準點，這會影響系統時間的初始設定。假如系統時間和硬體時間不同步，那麼每次重新啟動或從關機狀態再開機時，系統時間就可能會被設定為不正確的時間。

這樣的情況下，可能會發生以下問題：

◆ 檔案時間戳記可能會錯誤。

◆ 排程作業可能會在錯誤的時間執行。

◆ SSL/TLS 憑證驗證可能會失敗。

◆ 資料庫交易和日誌可能會出現不一致。

◆ 作業系統開機時的系統記錄時間不正確。

◆ 其他依賴時間準確性的服務或程式出現錯誤。

由於以上原因，使用 hwclock 來同步硬體時間和系統時間是建議的操作，特別是在更改系統時間或重新設定時區後，這樣可以確保硬體時鐘和系統時鐘之間的一致性，以避免可能出現的問題。

時間同步到硬體時間

為了確保主機下次開機能夠得到調整後的時間，通常會使用 hwclock 將時間同步到硬體時間。作法如下：

查看硬體時間：

```
student$ sudo hwclock -r
```

執行結果參考如下：

```
Fri 01 Sep 2023 04:35:38 PM CST  -0.392055 seconds
```

將系統時間同步到硬體時間：

```
student$ sudo hwclock -w
```

檢查同步後結果：

```
student$ sudo hwclock -r
```

執行結果參考如下：

```
Fri 01 Sep 2023 04:35:38 PM CST  -0.392055 seconds
```

上述例子中，可能會發現沒什麼改變，這代表系統時間與硬體時間應該是一致的；若是修改前與修改後的時間差距很大，則表示硬體時間已經被修改為與系統時間相同。

7.4 NTP 網路校時

學習目標　☑ 瞭解 NTP 網路校時運作方式。

☑ 使用 chrony 進行 NTP 網路校時。

☑ 自訂 NTP 時間校時來源。

7.4.1　網路時間協定

　　雖然我們可以使用 date 或 timedatectl 將系統設定準確，但這似乎只限制在小量的管理上，現今應用系統架構複雜，每一個系統通常都是兩台主機起跳。對於整個企業來說，也許會有十台以上各種不同任務的主機需要管理，此時以手動設定時間的方式，就比較沒有效率了。

　　在現代企業環境中，「時間同步」是極為重要的。一個小小的時間偏差可能會導致資料不一致，甚至是嚴重的系統故障。手動設定每台主機的時間不僅耗時，而且不實用，尤其當我們管理的不僅僅是一兩台機器，而是數十或數百台的時候。

　　因此，在整個複雜的資訊結構中，會選擇一個校時機制，這個校時機制使用網路來達成，也就是我們常聽到的網路時間 NTP（Network Time Protocol，網路時間協定）校時機制，這是從 1985 年代就開始使用的古老協定之一，屬於 Client/Server 架構。NTP 實作上使用 UDP/123 進行時間同步，當所有的用戶端和主機進行時間同步後，大家的系統時間就會一樣，因此當組織內的電腦或主機向相同時間來源進行同步時，就可以減少不同設備時間不一樣的問題。

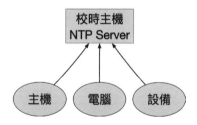

圖 7-1　伺服器與設備向 NTP 主機進行網路校時

7.4.2　使用 Chrony 進行網路校時

　　Chrony 在 RHEL 7 中正式使用，這個套件較傳統 NTP 提供更準確的校時機制，例如：

◆ 從多個校時主機來源同步時間。

◆ 自動調整校時頻率。

◆ 同時扮演用戶端與伺服器端供其他主機同步。

基本上，chrony 爲了增加時間的準確性，提供更多項機制來完成這個目標。

🐧 使用 chrony 套件

安裝 chrony 套件

若要使用 chrony 作爲我們的校時工具，則需要安裝同名套件。

實作方式如下：

```
student$ sudo dnf install -y chrony
```

現在我們可以使用 chrony 來校準時間。

啟動 chronyd

chrony 需要啓動 chronyd 的服務，這個服務會在背景執行，並且確認時間的準確性。

使用下列方式啓動 chronyd：

```
student$ sudo systemctl enable --now chronyd
```

校準時間

我們需要確認主機從哪些地方來校準時間，那麼使用 chrony 可達到這個需求，chrony 是一個用戶端工具，能夠讓我們知道服務的資訊。

讓我們來看看主機向哪些伺服器進行時間校正：

```
student$ sudo chronyc sources
```

執行結果參考如下：

```
210 Number of sources = 4
MS Name/IP address        Stratum Poll Reach LastRx Last sample
===============================================================================
^* server1b.meinberg.de 2  10    377    517  -1604us[-1576us] +/-   109ms
^+ purple.bonev.com     2  10    177   273m    -16ms[  -16ms] +/-   212ms
^+ 144.24.146.96        2  10    377    955  -2524us[-2496us] +/-   240ms
^+ 185.102.185.67       2  10    377    468  -5531us[-5531us] +/-   145ms
```

從上面的輸出可以看到主機選用 4 個校時伺服器作為校正來源，且主要以 server1b.meinberg.de 為主。

如果不想要系統自動把 IP 轉為主機名稱（第 2 欄），則可以加上 -n 參數，得到同步來源的 IP 位置。

檢查方法如下：

```
student$ sudo chronyc -n sources
```

執行結果參考如下：

```
210 Number of sources = 4
MS Name/IP address  Stratum Poll Reach LastRx Last sample
===============================================================================
^- 23.106.249.200      2   9    377    176    -41ms[  -40ms] +/-
205ms
^* 137.184.250.82      2   9    377    159   +591us[ +804us] +/-
4296us
^- 167.71.195.165      3  10    377    330   +526us[ +735us] +/-
46ms
^- 172.104.44.120      2   6    377     45  +1416us[+1416us] +/-
18ms
```

🐧 指定同步來源

現今各企業的資訊安全需求增加,各主機通常會限制不可以直接連接對外服務,以減低安全問題,所以在組織中就會建立自己的校時伺服器,最常用的就是 Windows Active Directory 服務了。在 Windows 的解決方案是直接對應到 AD,就完成了校時,此時若把 Linux 的校時來源設定成 AD 主機的話,那麼內部的時間就可以達到統一的目標。

指定用於時間同步的伺服器

要達到這個需求,我們只需要修改一個檔案,即 Chrony 的主要設定檔:/etc/chrony.conf,在 /etc/chrony.conf 檔案中,我們可以指定用於時間同步的伺服器。例如:若要指定內部的 Active Directory 伺服器(172.16.6.3)作為時間來源,可以編輯設定檔。

編輯 chrony 設定檔:

```
student$ sudo vi /etc/chrony.conf
```

找到系統預設 server 或 pool 開頭的指向,然後刪除它們,改為:

```
server 172.16.6.3 iburst
```

iburst 參數表示如果第一次連接失敗,chrony 將會發送一系列封包進行快速連接。

編輯完成後存檔,重新啟動 chronyd 讓設定檔生效:

```
student$ sudo systemctl restart chronyd
```

啟用新的位置後,一樣透過 chronyc 來確認是否從指定來源校時:

```
student$ sudo chronyc sources
```

執行結果參考如下：

```
210 Number of sources = 1
MS Name/IP address  Stratum Poll Reach LastRx Last sample
===============================================================
^* 172.16.6.3           3   6    17   11   -2939ns[ -32us] +/-
9513us
```

使用 timedatectl 來確認 NTP 是否同步

當然，我們也可使用先前介紹的 timedatectl 來確認 NTP 是否同步：

```
student$ timedatectl
```

執行結果參考如下：

```
        Local time: Fri 2023-09-08 21:23:43 CST
    Universal time: Fri 2023-09-08 13:23:43 UTC
          RTC time: Fri 2023-09-08 13:23:43
         Time zone: Asia/Taipei (CST, +0800)
       NTP enabled: yes
 NTP synchronized: yes
  RTC in local TZ: no
        DST active: n/a
```

從上面的輸出找到 NTP enabled 與 NTP synchronized 為 yes，就能確定 NTP（chronyd）服務有啟動，並且進行同步，這樣就可以確保時間的準確性。

> 【說明】 在 chrony 正式被引入使用之前，ntp 套件（如 ntpdate）是很常用來進行網路校時的工具，一直到現今還是有不少的使用者。在資訊演進的歷程上，chrony 有比 ntpdate 更為有效率的運作模式，除非有必要，否則建議使用 chrony 取代 ntpdate 等傳統工具較為合適。

7.4.3　使用的外部校時來源

並不是所有企業或組織都有自行建立 AD 或是校時主機，此時我們可以使用外部的公開校時來源。

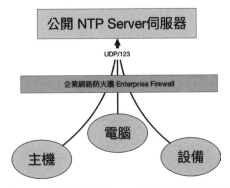

圖 7-2　伺服器向公開 NTP 服務進行網路校時

臺灣可以使用國家時間與頻率標準實驗室所提供的公開校時服務，這些主機的位置如下：

◆ tock.stdtime.gov.tw：對應 IP 為 211.22.103.157。

◆ watch.stdtime.gov.tw：對應 IP 為 118.163.81.63。

◆ time.stdtime.gov.tw：對應 IP 為 118.163.81.61。

◆ clock.stdtime.gov.tw：對應 IP 為 211.22.103.158。

◆ tick.stdtime.gov.tw：對應 IP 為 118.163.81.62。

透過以上的政府公開校時資源，我們選擇一個來進行校正。在企業網路防火牆上，則需要允許內部使用 UDP/123 對外連線。

{說明}　最新的政府公開校時服務，可以參考國家時間與頻率標準實驗室網站內容：URL https://www.stdtime.gov.tw/chrono/index_2_2.html。

　　除了政府公開資源之外，還有網路上公開的 NTP 主機群供大家使用，最著名為 NTP Pool Project，網址為 pool.ntp.org。該網站所提供的 NTP 主機服務群，這些 NTP 主機由不同地區的志願者提供服務，所以我們可以選擇離自己比較近的地理位置。

　　在臺灣地區，可以選擇 URL https://www.ntppool.org/zone/tw 這個網頁上的校時主機來進行時間同步，參考截圖如下：

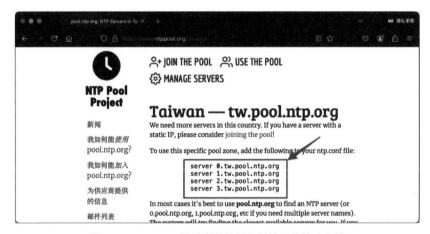

圖 7-3　NTP Pool 提供臺灣地區可以使用的校時主機

　　由於 NTP 是屬於服務層級，要等作業系統開機完成後才會執行，在此之前都是以硬體時間為基準，當硬體時間不準確時，在 NTP 校時前的系統時間都會是錯誤的狀態，所以我們可以參考 7.3 小節保存到硬體時間的方法來設定硬體時間。

{說明}　以國際標準 ISO/IEC 27001:2022 中的「A8.17 鐘訊同步」來說，NTP 是必要不可缺少的機制。

7.5 ┆ 排程作業

學習目標 ☑ 設定排程設定格式。

☑ 設定系統排程與使用者排程。

☑ 查看排程紀錄。

「排程」是一種自動化流程的實作方式之一，讓我們可以在特定時間執行指定的任務，這樣就不需要手動啟動這些任務，節省了時間和精力。在 Linux 系統中，最常用的排程工具是 cron，用於設定週期性任務。例如：我們可以指定每天晚上 10 點自動備份檔案，或者每週一早上 9 點自動更新系統。

7.5.1 系統排程

crontab 工具可以用來設定與查看系統的排程作業，除了常用的使用者排程，用來設定自己的工作外，也可以設定系統層級的系統排程。

🐧 查看系統排程

如要查看系統排程的設定，可以檢視 /etc/crontab 檔案，該檔案為文字檔，如果需要新增、修改或移除排程作業，可以使用文字編輯器開啟設定。

若要查看系統排程，可參考如下指令：

```
student$ sudo cat /etc/crontab
SHELL=/bin/bash
PATH=/sbin:/bin:/usr/sbin:/usr/bin
MAILTO=root


# For details see man 4 crontabs
```

```
# Example of job definition:
# .---------------- minute (0 - 59)
# | .------------- hour (0 - 23)
# | | .---------- day of month (1 - 31)
# | | | .------- month (1 - 12) OR jan,feb,mar,apr ...
# | | | | .---- day of week (0 - 6) (Sunday=0 or 7) OR
sun,mon,tue,wed,thu,fri,sat
# | | | | |
# * * * * * user-name  command to be executed
```

由以上輸出可以得知，系統排程使用 7 個欄位做設定，分別為：

◆ **分鐘**：每小時的第幾分鐘執行，範圍為 0-59。

◆ **小時**：每天的第幾個小時執行，範圍為 0-23（0 代表午夜）。

◆ **日期**：每月的第幾天執行，範圍為 1-31。

◆ **月份**：每年的第幾個月執行，範圍為 1-12。

◆ **星期**：每週的第幾天執行，範圍為 0-7（0 和 7 代表星期天，1 代表星期一，依此類推）。

◆ **執行者**：指定由哪個使用者來執行這個排程作業。

◆ **指令**：要執行的具體命令或指令，可以是系統指令、腳本或程式。

設定系統排程

通常設定系統排程時，每一個工作為一行，將要執行的工作寫到 /etc/crontab 的檔案最尾巴就可以了。定時欄位若有多個時間需要執行，可以使用逗號「,」來表示，中間沒有空白。

以下為表格化的設定拆解示範：

分	時	日	月	星期	執行者	指令
0	2	1	*	*	root	/opt/bin/system-check

分	時	日	月	星期	執行者	指令
0	0	29	2	*	root	/opt/bin/system-check
30	2	*	*	6,7	sysop	/opt/bin/full-backup

上表三項系統排程所代表的意思如下：

◆ 每月 1 號 02:00，以 root 身分執行 /opt/bin/system-check。

◆ 每年 2 月 29 號 00:00，以 root 身分執行 /opt/bin/system-check，這個範例每 4 年才會執行一次。

◆ 每週六日（6,7）02:30，以 sysop 身分執行 /opt/bin/full-backup。

【說明】 同一欄位可以使用逗號相隔成不同時間來觸發，但有時反而會比較不好解讀，因此把多個相同工作設定成多行，也是一個不錯的作法。

7.5.2 使用者排程

相對於系統排程，每一個系統使用者也可以設定自己的排程作業，通常稱為「使用者排程」。

若要查看目前使用者自己的排程，可以透過下列指令完成：

```
student$ crontab -l
```

要設定使用者排程，需要使用該帳號登入系統，然後在終端機執行如下指令：

```
student$ crontab -e
```

執行完成後，系統會使用 vim 文字編輯器開啟設定，排程設定的格式如同系統排程，但是不需要第 6 個欄位（即執行者）。

設定帳號的排程

以下示範為 student 帳號進行每一分鐘把 date 的輸出寫到 /tmp/mydate.txt 檔案，並且使用附加內容的方式寫入。

```
* * * * * (date >> /tmp/mydate.txt)
```

和系統排程一樣，每一個工具為一行，設定完成後存檔離開，等待時間一到，就會執行作業。

完成後再次檢查排程項目：

```
student$ crontab -l
* * * * * (date >> /tmp/mydate.txt)
```

 {說明} 設定好 crontab -e 存檔時，系統會自動檢查基本的語法是否正確，如果有錯誤，會提醒修改，不用擔心設定錯誤。

7.5.3　查看排程紀錄

不論是系統排程或是使用者排程，有時我們想要瞭解這些工作是否已在設定的時間執行，除了查看預期結果是否如期執行外，還可以查看排程紀錄。crontab 排程會把執行的紀錄寫到 /var/log/cron 檔案中，查看該檔案內容就可以知道有哪些排程作業被啟動，或者是否有執行成功。

下列指令可以查看排程紀錄：

```
student$ sudo cat /var/log/cron
Oct 24 16:08:01 desktop-11 CROND[2280]: (student) CMD ((date >> /tmp/
mydate.txt))
Oct 24 16:08:01 desktop-11 CROND[2249]: (student) CMDEND ((date >> /
```

```
tmp/mydate.txt))
Oct 24 16:09:01 desktop-11 CROND[2338]: (student) CMD ((date >> /tmp/
mydate.txt))
Oct 24 16:09:01 desktop-11 CROND[2306]: (student) CMDEND ((date >> /
tmp/mydate.txt))
Oct 24 16:10:01 desktop-11 CROND[2402]: (student) CMD ((date >> /tmp/
mydate.txt))
Oct 24 16:10:01 desktop-11 CROND[2370]: (student) CMDEND ((date >> /
tmp/mydate.txt))
```

透過 log 的檢視，可以看到每個排程的執行狀況，當然如果有錯誤的話，也可以在這裡查出其原因。

8

磁碟管理

▪ ▪ ▪ ▪ ▪

不管是系統服務或是應用程式,在多數的情況下都會產生檔案,如果該服務
有提供多人使用,此時檔案也會快速增加。不論是什麼原因,我們都會面臨
到磁碟空間擴展的需求,這也是本章所要介紹的。

Linux 支援多種不同的磁碟格式，透過本章的說明，我們能瞭解如何進行辨識、分割、格式化與使用。

表 8-1 本章相關指令與檔案

重點指令與服務		重點檔案
• fdisk/gdisk	• blkid	• /etc/fstab
• mkfs.xfs	• mount/umount	• /dev/sd* 或其他 block 裝置
• lsblk		

8.1 檔案系統介紹

學習目標　☑ 瞭解磁碟檔案系統概念。

　　　　　☑ 瞭解基本的索引式檔案系統作用。

瞭解檔案系統（File System）的運作方式，在 Linux 中是一個非常重要的技能，但我們無法三言兩語就解釋清楚，甚至在大型儲存企業、學術專題，都不斷在探討這個項目。身為 Linux 管理者的我們，必須瞭解檔案系統的基本概念與使用，才能讓主機上的資料有合適的地方可以存放與使用。

現今大部分的系統應用大多為虛擬主機，而且從各雲端業者的多年教育與引導開發人員、使用者，已經知道系統與資料分開的主要用意與精神，所以在現今的新系統中，已經較少看到系統與資料混合的開發架構，因此我們在磁碟的規劃上就變得容易許多。

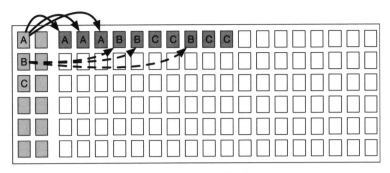

圖 8-1　索引式檔案系統

8.1.1　什麼是檔案系統

如圖 8-1 所示，我們想像一下教室是一個硬碟，而每個座位則代表一小塊存儲空間，學生（檔案）會根據座位號碼（地址）坐到相應的座位上，而老師（作業系統）會根據座位表（檔案系統）知道哪個學生坐在哪個座位上，這樣就能快速找到他們。

當新學生（新檔案）來到教室時，老師會查看座位表，找到一個空座位（空間）給新學生坐。如果某個學生（檔案）離開了（被刪除），那個座位就會變成空的，可以讓新來的學生（新檔案）坐。

這個座位表不僅告訴老師哪個學生坐在哪，也能確保每個學生有足夠的空間，而不會有兩個檔案占用同一塊硬碟空間。

透過以上舉例的說明，可以瞭解檔案系統就像是教室的座位表，它幫助作業系統瞭解如何在硬碟上有效地「安排座位」，以便能快速找到和管理檔案。

8.1.2　索引式檔案系統

索引式檔案系統可以被看作是一個更先進的、更高效的座位表。想像一下，教室裡的座位不再只是一個單一的列表，而是有多個不同的表格或者甚至一個電子系統，這些表格按照不同的特點（如學科、年級、興趣等），將學生進行分類和索

引。當老師需要找到某個特定群體的學生時,他們可以迅速透過這些索引來找到他們,而不需要逐一查看每個座位或每個學生。

這樣的系統具有更高效率的尋找和存取速度,因爲它減少了需要掃描的「座位」數量。同樣在檔案系統中,索引式檔案系統(如 ext3/ext4/xfs 等)使用各種資料結構,來加速對檔案和目錄的尋找速度,這樣可以更快地讀取或寫入資料。

這種索引式檔案系統在應對大量小檔案或非常大的單一檔案時,通常效率也更好,它能更精準定位到檔案資料的實際位置,因此索引式檔案系統就像是一個先進的、高效的「座位表」,它不僅讓「老師」(作業系統)更容易找到「學生」(檔案),還大大提高了整體的效率和性能。

索引資料放在檔案系統中的 inode,藉由 inode 儲存系統檔案的各種資訊。關於 inode 的項目,我們會在 8.1.4 節中進行說明。

8.1.3 日誌檔案系統

每次學生更換座位、進入或離開教室時,都會在日誌中做記錄。如果發生任何問題,像是誰坐在了錯誤的座位或者座位突然空缺,我們可以很容易找到原因,甚至「還原」到某個特定時刻的狀態。

在檔案系統中,日誌(或稱爲「日誌檔案系統」,Journaling File System)的作用就像這樣的情境。當檔案或目錄的資訊變更時,這些變更會先被寫入到一個「日誌」中,只有確認這些變更成功記錄後,它們才會被套用到實際的檔案系統中。這樣做的好處是如果在寫入過程中發生問題(例如:電源中斷),系統可以參照日誌恢復到上一個一致的狀態,而不會留下只完成一半的變更,進而提高了資料的一致性和可靠性。

支援日誌功能的檔案系統,包括但不限於:ext3、ext4、XFS、NTFS、HFS+ 等。索引式檔案系統配合日誌功能後,就像是一個高效、可搜尋且具有良好備份和恢

復機制的教室座位表，它不僅讓檔案存取更有效率，也確保了資料的一致性和安全性。

8.1.4 什麼是 Index node

Index node 就是我們常聽到的 inode，結合上述的故事解釋，我們可以知道要有一張表來儲存這些索引資料，這張表就是故事中的學生座位表，而這張多功能座位表可以協助老師透過不同的學生屬性快速找到確切位置。以圖 8-1 來說，inode 指的就是左方指引的部分。

「inode」（Index Node 的縮寫）是 Unix 和 Unix-like 作業系統中檔案系統的一個重要概念，每個檔案和目錄在這些檔案系統中都有一個對應的 inode。我們將 inode 想像成一個身分證或資料表，其中包含了關於該檔案（或目錄）的各種元資料（metadata）。

這些資訊可能包括但不限於：

◆ 檔案大小。

◆ 檔案類型（普通檔案、目錄、符號連結等）。

◆ 存取權限（讀、寫、執行等）。

◆ 擁有者和群組資訊。

◆ 檔案建立、存取和修改的時間戳記。

◆ 指向儲存該檔案資料的磁碟區塊（block）的指標。

對應之前提到的教室例子中，inode 就像是學生的個人檔案，記錄著它們占用了哪些座位（磁碟區塊）、有哪些特權（讀／寫權限）以及其他相關資訊。

inode 的存在，讓檔案系統能高效管理和存取檔案，並且支援更複雜的功能，如連結和權限管理。在一些檔案系統中，如 ext4 或 xfs，inode 也可能參與日誌機制，

以提供更高的資料一致性。通常，使用者不直接與 inode 互動，但系統管理者可能需要間接理解和操作 inode，以進行更進階的檔案系統管理。

8.2 ┊ 磁碟空間分割與掛載

學習目標　☑ 查看磁碟資訊。

　　　　　　☑ 使用工具分割磁碟並掛載使用。

8.2.1　磁碟資訊

在 Linux 中，磁碟在格式化後，是以掛載到目錄的方式進行使用，並不像 Windows 裡的 C:\、D:\ 等方式，有平行儲存槽的概念。在本書的 2.3 小節中，我們知道 Linux 裡有不同的目錄，這些目錄各有用途。因為任務的不同，每個目錄會有專門存放特定的資料，此時我們就可以把指定的磁碟或分割區掛載到特定目錄，讓該目錄有獨立的空間資源。

🐧 查看系統的磁碟裝置

若要取得目前系統上有哪些磁碟裝置，可以使用 lsblk 來查看：

```
student$ sudo lsblk
NAME          MAJ:MIN  RM  SIZE RO TYPE MOUNTPOINTS
sda            8:0      0   50G  0 disk
├─sda1         8:1      0  600M  0 part /boot/efi
├─sda2         8:2      0    1G  0 part /boot
└─sda3         8:3      0 48.4G  0 part
  ├─rl-root 253:0      0 43.4G  0 lvm  /
  └─rl-swap 253:1      0    5G  0 lvm  [SWAP]
sdb            8:16     0    5G  0 disk
```

```
sr0          11:0    1  376K  0 rom
sr1          11:1    1 1024M  0 rom
```

從以上輸出，我們可以看到系統裡有包含一個 sda（實際路徑為 /dev/sda），它有 3 個分割區，其中代號 2 的分割區被掛載到 /boot/ 目錄，還有一個沒有分割的 sdb。

由於 lsblk 是顯示磁碟裝置的指令，若要看到系統上檔案系統已經掛載的目錄資訊，可以使用 df 指令來查看空間與數量使用狀況，讓管理員知道是否有足夠量的空間讓應用系統使用。

🐧 查看系統目錄掛載資訊

透過下列方式可以顯示系統目錄掛載資訊：

```
student$ sudo df -h
Filesystem          Size  Used Avail Use% Mounted on
devtmpfs            4.0M     0  4.0M   0% /dev
tmpfs               2.8G     0  2.8G   0% /dev/shm
tmpfs               1.2G   18M  1.1G   2% /run
/dev/mapper/rl-root  44G  5.8G   38G  14% /
/dev/sda2          1014M  284M  731M  28% /boot
/dev/sda1           599M  7.0M  592M   2% /boot/efi
tmpfs               565M   52K  565M   1% /run/user/42
tmpfs               565M  100K  565M   1% /run/user/1000
```

由於 df 預設使用 byte 單位做顯示，這比較難以解讀其空間，所以這裡使用了 -h 參數，讓 df 自動把空間的單位進行轉換，讓我們比較好懂。從以上的例子中，我們可以看到 /dev/sda2 掛載到 /boot 目錄，大小為 1GB 左右，使用了 248MB。

如本章 8.1 小節所提到的，檔案系統包含了資料儲存區域與索引（inode）區域，由於它們都是有固定數量的，所以我們也可以透過 df -i 查看索引的使用量：

```
student $ sudo df -i
Filesystem              Inodes   IUsed    IFree IUse% Mounted on
devtmpfs                714746     436   714310    1% /dev
tmpfs                   722757       1   722756    1% /dev/shm
tmpfs                   819200     916   818284    1% /run
/dev/mapper/rl-root   22759424  130916 22628508    1% /
/dev/sda2               524288      22   524266    1% /boot
/dev/sda1                    0       0        0    - /boot/efi
tmpfs                   144551      53   144498    1% /run/user/42
tmpfs                   144551     112   144439    1% /run/user/1000
```

透過 df 的輸出，我們可以看到每個掛載目錄能夠使用存放的總數量與使用情況。

8.2.2 什麼是磁碟分割區

「磁碟分割」就是一個把大空間進行區域劃分的作業，目前大多數系統使用兩種主要的分割模式，分別為「MBR」與「GPT」。

🐧 Master Boot Record（MBR）

「MBR」（Master Boot Record）是一種常見的磁碟分區表結構，用於定義硬碟的邏輯分割區。MBR 位於硬碟的第一個扇區，其大小為 512 位元組，接下來就是分割表，具體表示可以參考圖 8-2。

圖 8-2　MBR 分割區

MBR 主要幾個部分如下：

◆ **啟動程式碼區（Bootloader）**：MBR 的前 446 位元組是用來存放啟動程式碼的部分。在系統開機時，BIOS 會讀取這段程式碼，並根據其內容來引導作業系統。

◆ **分區表（Partition Table）**：緊接著啟動程式碼的 64 位元組存放分區表資訊，最多可定義 4 個主分區（primary partitions），其代號為 1 到 4。每個分區條目占用 16 位元組，包含分區的開始位置、大小、類型等資訊。

◆ **結束標記（Signature）**：MBR 的最後 2 位元組為 0x55AA，用來標示 MBR 的結束。如果這個標記不存在，那麼 BIOS 可能會認為硬碟的 MBR 損壞，無法進行開機。

然而 MBR 分割區也有其先天限制：

◆ **最多 4 個主分區**：由於 MBR 結構限制只能有 4 個主分區。如果需要更多分區，必須透過將一個主分區設定為延伸分區（Extended Partition），並在該分割區內建立邏輯分割。

◆ **可分辨容量限制**：MBR 的最大尋址空間為 2TB，因此無法在超過 2TB 的硬碟上使用 MBR 分割方案。

由於現代硬碟技術不斷進步，不論是傳統 HDD 或是 SSD 等，都已經突破了 2TB 的容量，MBR 分割模式也慢慢被 GPT（GUID Partition Table）取代，而 GPT 也能夠支援更大的硬碟和更多的分區數量。

🐧 GUID Partition Table（GPT）

「GPT」（GUID Partition Table）是比 MBR（Master Boot Record）更現代且功能更強大的分割區架構，用於管理大容量硬碟和多分割區需求，它解決了 MBR 的許多限制，尤其是在容量和分割區數量上都有所增加。

GPT 的主要特點如下：

◆ **無分區數量限制**：GPT 允許建立 128 個分割區，且不需要像 MBR 一樣使用延伸分割區和邏輯分割區的方式。

◆ **支援大於 2TB 的硬碟**：GPT 可以支援超過 2TB 的硬碟，理論上支援 18EB（Exabytes）大小的硬碟。

◆ **備份與冗餘**：GPT 在磁碟的開頭和結尾都存有備份的分割表資訊，讓 GPT 有更好的穩定性和恢復能力。即使 GPT 的主表損壞，也可以從備份中恢復。

◆ **GUID（全球唯一識別碼）**：每個 GPT 分區都有一個唯一的識別碼，使其在多重硬碟或系統中不會出現重複問題，對於跨系統和跨平台的使用更有彈性。

GPT 結構和 MBR 有所不同，主要項目如圖 8-3 所示。

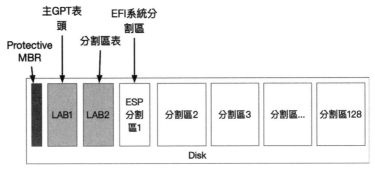

圖 8-3　GPT 分割區

由圖 8-3 中，我們可以瞭解幾個主要特徵：

◆ **保留區域**：硬碟的第一個邏輯扇區被保留，主要為了相容 MBR 工具。

◆ **主 GPT 表頭（Primary GPT Header）**：位於磁碟的第二個邏輯扇區，包含分區資訊和備份 GPT 的位置。

◆ **分割表**：緊接著主 GPT 表頭，記錄分區的 GUID、開始和結束位置等資訊。

◆ **使用者資料區**：實際存放分割區和資料的區域。如果這個磁碟用來安裝作業系統，則系統會在分割表後產生 EFI 的分割區，用來存放開機程式。

◆ **備份 GPT 表頭與分區表**：位於磁碟的最後部分，用於在主 GPT 表頭損壞時進行恢復。

由上我們可以瞭解 GPT 改良了 MBR 很多的限制，目前也逐漸成為現代硬碟分割的標準，特別是在需要處理大容量硬碟或大量分割區時，GPT 是更好的選擇。

8.2.3　磁碟分割

從先前的介紹中，我們知道磁碟有兩種分割型態，分別為「MBR」與「GPT」，由於現行已經慢慢使用 GPT 分割表，所以在此介紹使用 gdisk 設定 GPT 磁碟分割。

🐧 gdisk 指令

傳統上會使用 fdisk 工具，但是 fdisk 只能處理 MBR 分割表，而 gdisk 則是兩種都可以處理，gdisk 應會逐漸流行。我們在實際做磁碟分割時，應該要先確定要處理的磁碟為哪一個，以免分割錯誤而造成資料的損毀。

透過 lsblk 可以查看目前系統上的磁碟：

```
student$ sudo lsblk
NAME          MAJ:MIN   RM   SIZE RO TYPE MOUNTPOINTS
sda            8:0       0    50G  0 disk
 ├─ sda1       8:1       0   600M  0 part /boot/efi
 ├─ sda2       8:2       0    1G  0 part /boot
 └─ sda3       8:3       0  48.4G  0 part
   ├─ rl-root 253:0      0  43.4G  0 lvm  /
   └─ rl-swap 253:1      0     5G  0 lvm  [SWAP]
sdb            8:16      0     5G  0 disk
sr0           11:0       1  1024M  0 rom
```

在列出的內容中，其中 sdb 為可用的新硬碟，總共有 5GB 可以使用。

透過 gdisk 查看 /dev/sdb 的分割狀態，使用 -l 參數查看如下：

```
student $ sudo gdisk -l /dev/sdb
GPT fdisk (gdisk) version 1.0.7


Partition table scan:
  MBR: not present
  BSD: not present
  APM: not present
  GPT: not present


Creating new GPT entries in memory.
Disk /dev/sdb: 10485760 sectors, 5.0 GiB
Model: QEMU HARDDISK
Sector size (logical/physical): 512/512 bytes
Disk identifier (GUID): 89B29972-228E-498B-8478-AFFFA0ADB71F
Partition table holds up to 128 entries
Main partition table begins at sector 2 and ends at sector 33
First usable sector is 34, last usable sector is 10485726
Partitions will be aligned on 2048-sector boundaries
Total free space is 10485693 sectors (5.0 GiB)


Number  Start (sector)    End (sector)  Size        Code  Name
```

從上面的輸出，我們可以看到這是一個全新還沒有做任何分割的磁碟，現在就為它建立 GPT 分割表，並且建立一個 1GB 分割區。

使用 gdisk 工具，並直接接上要處理的磁碟機，就可以開始處理：

```
student$ sudo gdisk /dev/sdb
GPT fdisk (gdisk) version 1.0.7


Partition table scan:
  MBR: not present
  BSD: not present
```

```
 APM: not present
 GPT: not present


Creating new GPT entries in memory.


Command (? for help): n（輸入 n）
Partition number (1-128, default 1)：（直接按 [Enter]）
First sector (34-10485726, default = 2048) or {+-}size{KMGTP}：（直接按
[Enter]）
Last sector (2048-10485726, default = 10485726) or {+-}size{KMGTP}:
+1G（輸入 +1G）
Current type is 8300 (Linux filesystem)
Hex code or GUID (L to show codes, Enter = 8300)：（直接按 [Enter]）
Changed type of partition to 'Linux filesystem'


Command (? for help): p（輸入 p）
Disk /dev/sdb: 10485760 sectors, 5.0 GiB
Model: QEMU HARDDISK
Sector size (logical/physical): 512/512 bytes
Disk identifier (GUID): 1728FFAF-459F-44B6-9489-83F7D1350E4F
Partition table holds up to 128 entries
Main partition table begins at sector 2 and ends at sector 33
First usable sector is 34, last usable sector is 10485726
Partitions will be aligned on 2048-sector boundaries
Total free space is 8388541 sectors (4.0 GiB)


Number  Start (sector)    End (sector)  Size     Code   Name
   1          2048           2099199  1024.0 MiB  8300   Linux
filesystem


Command (? for help): w（輸入 w，寫入磁碟）


Final checks complete. About to write GPT data. THIS WILL OVERWRITE
EXISTING
PARTITIONS!!
```

```
Do you want to proceed? (Y/N): y（輸入 y，確定修改磁碟，無法回複）
OK; writing new GUID partition table (GPT) to /dev/sdb.
The operation has completed successfully.
```

gdisk 使用互動式方式來讓管理者進行設定，透過上面的流程，我們可以建立一個代號為 1 的分割區，並且設定為 1GB（由 +1G 所設定），同時也設定該分割區代碼為 83，用來作為 Linux 存放檔案用的地方。

完成後，再次使用 lsblk 查看該磁碟變化：

```
student$ sudo lsblk /dev/sdb
NAME    MAJ:MIN RM SIZE RO TYPE MOUNTPOINTS
sdb       8:16   0   5G  0 disk
└─sdb1  8:17   0   1G  0 part
```

從結果顯示，我們已經產生了一個 sdb1 的分割區。

除此之外，也可以再次透過 gdisk -l 查看詳細一點的分割資訊：

```
student$ sudo gdisk -l /dev/sdb
GPT fdisk (gdisk) version 1.0.7

Partition table scan:
  MBR: protective
  BSD: not present
  APM: not present
  GPT: present

Found valid GPT with protective MBR; using GPT.
Disk /dev/sdb: 10485760 sectors, 5.0 GiB
Model: QEMU HARDDISK
Sector size (logical/physical): 512/512 bytes
Disk identifier (GUID): 1728FFAF-459F-44B6-9489-83F7D1350E4F
Partition table holds up to 128 entries
```

```
Main partition table begins at sector 2 and ends at sector 33
First usable sector is 34, last usable sector is 10485726
Partitions will be aligned on 2048-sector boundaries
Total free space is 8388541 sectors (4.0 GiB)

Number  Start (sector)    End (sector)  Size      Code  Name
   1            2048           2099199  1024.0 MiB 8300  Linux
filesystem
```

透過 gdisk 的輸出，我們可以查看到下列資訊：

◆ GPT: present：此磁碟有 GPT 分割表。

◆ 分割區列表中含有一個分割區，大小爲 1024MB（1GB），Code 爲 8300。

8.2.4　檔案系統格式化

　　要使用分割區所規劃出來的空間之前，必須先進行格式化作業。「格式化」主要就是產生檔案系統，如本章先前所介紹的，開始產生座位和座位表，讓檔案可以存放進去。從 RHEL 7 開始導入了 XFS 檔案系統，所以我們要爲 /dev/sdb1 進行格式化產生 XFS 檔案系統。

🐧 進行格式化

　　使用 blkid 可以查看指定的分割區是否已經格式化：

```
student$ sudo blkid /dev/sdb1
/dev/sdb1: PARTLABEL="Linux filesystem" PARTUUID="04c6fc04-a154-4754-
85d5-5420a33c7a7d"
```

　　從以上輸出來看，由於 /dev/sdb1 是新增的磁碟分割區，並沒有格式化的編號（UUID）。

接著使用 mkfs.xfs 進行格式化：

```
student$ sudo mkfs.xfs /dev/sdb1
meta-data=/dev/sdb1        isize=512    agcount=4, agsize=65536 blks
         =                 sectsz=512   attr=2, projid32bit=1
         =                 crc=1        finobt=1, sparse=1, rmapbt=0
         =                 reflink=1    bigtime=1 inobtcount=1
data     =                 bsize=4096   blocks=262144, imaxpct=25
         =                 sunit=0      swidth=0 blks
naming   =version 2        bsize=4096   ascii-ci=0, ftype=1
log      =internal log     bsize=4096   blocks=2560, version=2
         =                 sectsz=512   sunit=0 blks, lazy-count=1
realtime =none             extsz=4096   blocks=0, rtextents=0
Discarding blocks...Done.
```

XFS 檔案格式製作速度，比起先前的 ext 系列還要快，對於大容量的磁碟可以更有效減少等待時間。

完成之後，再次使用 blkid 查看：

```
student$ sudo blkid /dev/sdb1
/dev/sdb1: UUID="db27bcad-a5b6-4a19-81ec-8ab84c8a8df7" TYPE="xfs"
PARTLABEL="Linux filesystem" PARTUUID="04c6fc04-a154-4754-85d5-5420a
33c7a7d"
```

由於指定的 /dev/sdb1 已經完成格式化，所以可以看到 UUID 編號爲「db27bcad-a5b6-4a19-81ec-8ab84c8a8df7」，而這個編號不論磁碟進行移機或是更換順序都不會改變，也爲之後的設定開機自動掛載，作爲磁碟設定的主要依據。

{説明} 由於現在虛擬化與雲端應用越來越普級，我們可以隨時新增一個新的磁碟給作業系統，所以進行分割流程並不是必要的，在某些需求來説，對整個磁碟進行格式化直接使用，在後期的空間擴增反而更方便，也能降低服務下線時間。

8.2.5　掛載檔案系統並使用

當我們把分割區（或磁碟）格式化完之後，就能夠把檔案存放在裡面。

把 /dev/sdb1 掛載到 /mydata/ 資料夾

在本小節中，我們把 /dev/sdb1 掛載到 /mydata/ 資料夾裡，讓這個資料夾有獨立的空間可以使用。

建立 /mydata/ 目錄，並查看其可用空間：

```
student$ sudo mkdir /mydata/
student$ sudo df -h /mydata/
Filesystem            Size  Used Avail Use% Mounted on
/dev/mapper/rl-root   44G   5.8G  38G  14% /
```

透過 df 的輸出，可以看出 /mydata/ 目前沒有獨立的空間，它現在是和系統根目錄（/）共用同一空間。

使用 mount 指令進行掛載的時候，需要指定來源（掛載來源，可以是磁碟或網路分享）與掛載點（也就是目錄）。把 /dev/sdb1 掛到 /mydata/ 目錄上：

```
student$ sudo mount /dev/sdb1 /mydata/
```

完成後，再次查看 /mydata/ 的空間，可以看到 /dev/sdb1 掛載到 /mydata 目錄，而且有接近 1GB 的可用空間：

```
student$ sudo df -h /mydata/
Filesystem       Size   Used Avail Use% Mounted on
/dev/sdb1        1014M   40M  975M   4% /mydata
```

接下來，試著在 /mydata/ 建立一測試檔案 file1.txt 並查看：

```
student$ sudo touch /mydata/file1.txt
student$ sudo ls -lh /mydata/file1.txt
-rw-r--r--. 1 root root 0 Sep 23 05:22 /mydata/file1.txt
```

透過以上的驗證流程，我們可以瞭解一個空的磁碟通常要經過磁碟分割、格式化、再掛載，才可以使用。

卸載 /mydata/ 資料夾

當我們不再使用這個掛載點時，可以使用 umount 指令，將指定的目錄「卸載」下來，讓磁碟不再接受存取。

透過 umount 指令卸載 /mydata/，並查看先前建立的 file1.txt：

```
student$ sudo umount /mydata/
student $ ls -lh /mydata/file1.txt
ls: cannot access '/mydata/file1.txt': No such file or directory
```

由 ls 的輸出中，我們可以看到 file1.txt 已經不存在，因為這個檔案實際上是放在 /dev/sdb1 裡，所以卸載後也無法存取該檔案了。

> 🐧 使用 xfs 檔案系統時，如果磁碟在沒有分割的情況下直接格式化，在未來空間擴充
> {說明} 時，只要使用 xfs_growfs，就可以線上擴展而不用停機，很適合在虛擬機或雲端主
> 機中應用。

8.3 設定開機自動掛載

學習目標　☑ 瞭解 /etc/fstab 格式與作用。

☑ 設定開機時自動掛載目錄。

　　磁碟要掛載到目錄才可以進行存取，我們可以使用 mount 指令完成這個需求。但是在重新開機後，系統不會自動掛載目錄，因此要設定相關檔案，才能在系統開機時自動掛載，不用每次都進入系統手動設定。

/etc/fstab 設定檔案說明

　　/etc/fstab 檔案是 Linux 系統中的一個設定檔案，用來定義開機時自動掛載的檔案系統。每一行代表一個檔案系統或儲存設備，使用固定的欄位來說明掛載行為。以下是各欄位的說明：

◆ **檔案系統（File System）**：這是儲存裝置或掛載點的名稱，通常是設備名稱（如 /dev/sda1）、UUID（如 UUID=xxxx-xxxx），或是網路掛載來源。

◆ **掛載點（Mount Point）**：指定檔案系統要掛載到的目錄位置，例如：/、/home/ 或 /mnt/data/。這個目錄必須事先存在。

◆ **檔案系統類型（File System Type）**：指定檔案系統的格式類型，常見的檔案系統如 ext4、xfs、swap 等。

◆ **掛載選項（Mount Options）**：定義檔案系統掛載時的選項，例如：defaults（使用預設選項）、ro（唯讀）、rw（讀寫）等。可以使用逗號分隔多個選項。

◆ **轉存選項（Dump Options）**：這個欄位用來設定是否要使用 dump 工具進行備份，0 表示不進行備份，1 表示需要備份。以 XFS 檔案系統來說，此欄位要設定為 0。

◆ **自動檢查選項（fsck Options）**：用來設定開機時是否進行檔案系統檢查。0 表示不檢查，1 表示第一優先級檢查根檔案系統，2 表示第二優先級檢查其他檔案系統。由於 XFS 有自己的檢查機制，若是使用 XFS 檔案系統的話，此欄位設定為 0。

由於 /etc/fstab 檔案相當重要，因此編輯前先進行備份，如果不小心設定錯誤，還可以從備份檔案還原：

```
Student$ sudo cp /etc/fstab /etc/fstab_backup
```

查看已經格式化完成的 /dev/sdb1 之 UUID 編號：

```
student$ sudo blkid /dev/sdb1
```

圖 8-4　辨識檔案系統 UUID 編號

新增開機自動掛載

取得檔案系統的 UUID 號後，可以把它當作掛載來源，將之設定在開機時掛載到 /mydata/ 目錄，設定檔案系統為 xfs。

我們可以使用文字編輯器開啓 /etc/fstab，並加入最後一行如下：

```
~ 以上略 ~
UUID=db27bcad-a5b6-4a19-81ec-8ab84c8a8df7 /mydata xfs defaults 0 0
```

在檔案最後一行新增

圖 8-5　新增開機自動掛載

透過 df 檢視，目前 /mydata/ 目錄和 / 共用同一空間：

```
[student@desktop-11 ~]$ df -h /mydata/
Filesystem            Size   Used  Avail Use% Mounted on
/dev/mapper/rl-root   44G   5.8G   38G  14%  /
```

使用 mount -a 指令，系統會讀取 /etc/fstab 中還沒有掛載的目錄進行自動掛載，接著查看 /mydata/ 目錄是否有掛載到指定位置：

```
[student@desktop-11 ~]$ sudo mount -a

[student@desktop-11 ~]$ df -h /mydata/
Filesystem        Size   Used  Avail Use% Mounted on
/dev/sdb1         1014M   40M   975M  4%   /mydata
```

{說明}　/etc/fstab 是系統開機時一定要使用的檔案，如果該檔案設定錯誤，會造成無法開機，所以在此之前一定要使用 mount -a 進行測試，直到沒有錯誤訊息為止。

9

網路設定與工具使用

■ ■ ■ ■ ■

要讓主機提供服務，正確的網路設定就很重要，有時我們也需要一些工具進
行網路狀態的檢查，例如：連線狀態、查看連接埠或是網路品質等，這些都
是系統管理要掌握的資訊。

本章將討論使用 Linux 現在較流行的工具查看網路資訊，並且透過工具設定網路位置，讓主機可以和外部連線。

表 9-1　本章相關指令與檔案

重點指令與服務		重點檔案
• ping	• ip	
• ss	• nmtui	
• host	• nmcli	
• traceroute		

9.1　使用網路工具

學習目標　☑ 瞭解一般網路工具的使用方式。

Linux 是一個擁有強大網路功能的作業系統之一，有時在我們進行問題排除、維護或檢測時，會使用工具來確認網路是否如預期般正確運作。

為了讓這些工作更加順利，Linux 提供一系列專用的網路工具，這些工具各有其特點和用途。從基本的 ping 指令（用於測試網路連接的穩定性），到更進階的 ip、ss 等（用於深入檢查和調整網路介面設定），Linux 的網路工具可以幫助管理員更加理解和管理系統的網路環境。

以下我們將介紹幾個常用的網路工具，包括它們的主要用途、使用範例和輸出概覽。

🐧 ping 指令

　　ping 是用於檢查與遠端主機的網路連接狀況。在系統運作時，我們使用 ping 傳送封包到目標主機，用來進行簡單的確認，它就像偵察兵一樣，讓管理員送出封包進行偵察，以確認目標狀況。

　　ping 使用 ICMP 封包進行測試，如果目標主機能夠接收與回覆，則發送端就能依這個回應得到下列的資訊：

◆ **目標主機名稱或 IP 位址**：嘗試與指定的主機或 IP 位址建立連接。

◆ **ICMP Echo Request 和 Echo Reply**：表示發送方和接收方之間的請求和回應。每一個回應都會有一個相對應的 Echo Request。

◆ **TTL (Time to Live)**：封包在網路中最多能經過多少個中繼節點（通常是路由器或交換機）。

◆ **RTT (Round Trip Time)**：封包從發出到回傳所經過的總時間。

◆ **封包遺失率**：表示發送方和接收方之間是否有封包遺失，用以評估網路的可靠性。

◆ **統計摘要**：在 ping 指令完成後，會提供一個包括最小、最大和平均 RTT，以及其他相關統計資訊的摘要。

　　我們使用下列方式來測試連到 example.com 這個網路位置，因為在 Linux 中 ping 會一直不斷測試，所以我們加上 -c 4 參數代表測試 4 次就離開，然後 ping 會總結這 4 次的結果。

　　使用下列方式，可以測試 example.com：

```
student$ sudo ping -c 4 example.com
PING example.com (93.184.216.34) 56(84) bytes of data.
64 bytes from 93.184.216.34 (93.184.216.34): icmp_seq=1 ttl=52 time=
130 ms
64 bytes from 93.184.216.34 (93.184.216.34): icmp_seq=2 time=
```

```
133 ms
64 bytes from 93.184.216.34 (93.184.216.34): icmp_seq=3 ttl=52 time=
133 ms
64 bytes from 93.184.216.34 (93.184.216.34): icmp_seq=4 ttl=52 time=
133 ms

--- example.com ping statistics ---
4 packets transmitted, 4 received, 0% packet loss, time 3005ms
rtt min/avg/max/mdev = 130.773/132.960/133.770/1.315 ms
```

由上列的輸出結果，可以看到 example.com 的 IP 為 93.184.216.34，且中間沒有遺失封包（0% packet loss）。

因為 ping 使用 ICMP 封包進行傳送，有些防火牆不允許使用 ICMP 封包進行連線，這個時候 ping 就會失敗，因此使用 ping 無法直接證明目標主機是否正在運作，有時要配合其他工具來進一步確認。

在實務上，如果目標主機是提供 Web 等公開服務，那麼很有可能在網路防火牆或主機本身就不允許使用 ICMP 進行連線，此時 ping 就會失敗，我們就要使用如 curl 這類的網頁用戶端工具，做進一步服務層級測試。

{説明}　筆者常常在上課時，提到 ping 工具就像偵查兵一樣。第一步先看看對方的主機是否有活著，但有時我們無法偵查出來，此時就會用其他方式再次進行確認。

ss 指令

ss 是用來檢查 Linux 系統上的 socket 狀態的一個工具，也是 netstat 工具的替代品，所以在一些發行版上（如 RHEL 7 開始）最小安裝時，會發現沒有 netstat 可以使用。ss 提供了更多的選項和更快速的效能，當我們需要監控或調整網路連接和狀態時，ss 是一個非常實用的工具。

ss 可以用來查詢多種不同類型的網路連接，包括 TCP、UDP、Unix socket 等。
它也支援多種篩選選項，例如：按照連接埠號（Port）、狀態或網路協定來篩選。

常用的參數如下：

◆ -t：顯示 TCP socket。

◆ -u：顯示 UDP socket。

◆ -l：顯示正在聆聽的 socket。

◆ -n：不解析服務名，直接顯示 IP 和連接埠號。

◆ -p：顯示行程資訊。

列出主機的連接埠資訊

我們可以透過下列方式列出目前主機上有哪些開啟的連接埠：

```
student$ sudo ss -ntulp
Netid   State   Recv-Q Send-Q  Local Address:Port  Peer Address:Port
tcp     LISTEN 0       128                  *:22               *:*
users:(("sshd",pid=5351,fd=3))
tcp     LISTEN 0       100          127.0.0.1:25               *:*
users:(("master",pid=5822,fd=13))
tcp     LISTE  0       128                :::22               :::*
users:(("sshd",pid=5351,fd=4))
tcp     LISTEN 0       100                ::1:25               :::*
users:(("master",pid=5822,fd=14))
```

透過以上的輸出範例，我們可以得到主機的連接埠資訊：

◆ Netid：網路識別碼，若顯示為 tcp，則代表是 TCP 連接。

◆ State：socket 的狀態。LISTEN 狀態表示 socket 正在等待來自遠端連接。

◆ Recv-Q 和 Send-Q：此二項是接收和發送佇列。以本例的輸出來說，由於顯示
的資料是 LISTEN 狀態，則 Recv-Q 代表等待處理的量，Send-Q 代表最大可接收
的量。

- ◆ Local Address:Port：本機位址和 Port 號。* 表示綁定到所有的 IP 上。

- ◆ Peer Address:Port：這是遠端 IP 位址和 Port。在這個輸出範例中，因為是 LISTEN 狀態，所以使用 *:*（IPv4）或 :::*（IPv6），表示它會接受任何遠端 IP 的連接。

- ◆ users：這列顯示哪個行程正在使用這個 socket。例如：sshd 行程（PID 為 5351）在 Port 22 聆聽請求。

在資訊安全議題上，系統管理人員需要知道主機有哪些連接埠是對外（從外部可以連入）開放的，這個資訊有助於我們對外來威脅的掌握度。另一方面，由於網路服務需要使用連接埠來提供服務，所以也可以使用這個方法，來確認啓用的服務是否有在正確的 Port 上運作。

列出主機和誰連線的資訊

除了查詢本機開啓的 Port 之外，我們有時也會需要瞭解主機本身和誰連線，或是誰來連主機，在這種情況下，只要去除 -p 參數就可以了。

下列方式查出和主機正以 TCP 與 UDP 連線的資訊：

```
$ sudo ss -ntu
Netid   State    Recv-Q  Send-Q   Local Address:Port      Peer Address:Port
tcp     ESTAB    0       36       1.2.3.4:888             10.3.5.27:52658
tcp     ESTAB    0       0        192.168.5.30:80         192.168.3.80:52667
tcp     ESTAB    0       0        192.168.5.30:80         192.168.3.240:52668
```

從以上的輸出可以看到，目前有 3 個連線以及與來源端 IP（Peer Address）的連接資訊。

{說明} 傳統上，很多系統管理人員喜歡使用 netstat 工具來查看連接埠狀況，但是在最新的發行版（如 Kali Linux、Ubuntu Linux 等）中發現 ss 顯示出來的資訊較為完整，反而是 netstat 沒有顯示，所以建議在檢查連接埠時，以 ss 工具為主。

🐧 host 指令

host 是一個簡單的 DNS 查詢工具，用於進行 DNS 查詢。它是 bind-utils 套件（Berkeley Internet Name Domain）的一部分，用於解析網路名稱，這個工具在日常系統管理和排解網路問題中是非常實用的。

在 Linux 裡，host 指令被收錄在 bind-utils 套件中，如果沒有這個指令，則可以使用下列方式安裝：

```
student$ sudo dnf install -y bind-utils
```

在 bind-utils 中，也包含了常用的 nslookup 與 dig，筆者認為在大部分的情境下，只是想要確認名稱與 IP 是否對應正確，所以使用 host 指令更為直覺且方便。由於 DNS 具體運作之議題已超出本書設定，所以在此只介紹 host 這個用戶端指令的應用。

查詢位址

若要作業系統預設的 DNS 位置查詢 example.com 的 IPv4 與 IPv6 的資訊，可以使用：

```
student$ host example.com
example.com has address 93.184.216.34
example.com has IPv6 address 2606:2800:220:1:248:1893:25c8:1946
```

輸出包含 example.com 的 A 紀錄（IPv4 位址）和 AAAA 紀錄（IPv6 位址）。

從 IP 找出名稱的對應

若要透過 8.8.8.8（Google DNS）來查詢 93.184.216.34 對應的反解 DNS 名稱：

```
student$ host 93.184.216.34 8.8.8.8
34.216.184.93.in-addr.arpa domain name pointer example.com.
```

顯示 93.184.216.34 相關的 PTR 紀錄，RTP 紀錄是從 IP 找出名稱的對應，所以有時 RTP 紀錄通常也說成反解紀錄。

由 IP 找出對應的完整名稱，是 DNS 反解的流程，實務上並非所有 IP 都能查出其對應的主機名稱，所以有時我們會得到「not found: 3(NXDOMAIN)」的字眼，代表這個 IP 沒有設定反向對應。

驗證 DNS 主機是否正確運作

有時我們需要驗證自己的 DNS 主機是否正確運作，會和外部 DNS 的查詢結果做比對，此時只要在指令最後方設定指定的 DNS 主機就可以了。

下列示範使用 Google 的 8.8.8.8 公開 DNS 服務查詢 example.com 的結果：

```
student$ host example.com 8.8.8.8
example.com has address 93.184.216.34
example.com has IPv6 address 2606:2800:220:1:248:1893:25c8:1946
```

 host/nslook/dig 等工具是專門用來進行 DNS 資訊查詢的工具，不會因為修改了 /
{說明} etc/hosts 而有所異動。

traceroute 指令

traceroute 是一個用於檢查封包從一台電腦到目標電腦之間經過的節點網路診斷工具。它可以用於識別網路延遲的來源、找出封包損失的地方，或是瞭解封包需要經過哪些中間節點才能到達目的地。

traceroute 用法很簡單，通常只要在後方加入要測試的目標主機名稱或 IP 就可以了，也可以透過下列幾個常用選項來做運用：

◆ -I：使用 ICMP ECHO 請求，而非預設的 UDP 或 TCP。

◆ -T：使用 TCP SYN 進行追蹤。

◆ -p：指定要使用的連接埠號。

◆ -n：查詢結果只使用 IP 顯示。

檢查封包路徑

若我們需要知道從主機到 example.com 的節點資訊，並希望只顯示 IP 位置而不要反解，那麼可以使用 -n 參數。參考實作方式如下：

```
student$ sudo traceroute -n example.com
traceroute to example.com (93.184.216.34), 30 hops max, 60 byte packets
 1  10.1.1.254    0.151 ms    0.164 ms    0.133 ms
 2  15.62.X.Y     4.738 ms    4.704 ms    4.641 ms
 3  168.34.A.B   12.276 ms   12.268 ms   12.235 ms
 4  220.128.5.14   2.567 ms 220.128.5.42    2.256 ms 220.128.9.242   2.215 ms
 5  220.128.9.126 2.222 ms 220.128.9.101   1.660 ms 220.128.9.126   2.155 ms
 6  220.128.9.101 1.626 ms 202.39.91.69 130.675 ms 220.128.9.97    1.824 ms
 7  202.39.91.69   130.652 ms   130.585 ms 62.115.162.86     130.849 ms
 8  62.115.162.86  130.830 ms   130.983 ms 213.248.67.111    137.363 ms
 9  213.248.67.111 137.355 ms   137.323 ms                   137.283 ms
10  152.195.76.129  131.408 ms 93.184.216.34  130.682 ms 152.195.76.129
    131.726 ms
11  93.184.216.34  130.779 ms   130.752 ms   130.767 ms
```

從輸出結果來看，我們可以判別到 example.com 需要經過至少 10 個節點，這有助我們在做封包路徑的檢查，當然範例中的路徑不代表大家都是一樣的，依據使用者的網路提供者、區域等因素，會有不同的路徑顯示。

{說明}　對於網路品質要求較高的組織來說，選用雲端資料中心前，會先使用 traceroute 查詢來源到主機端會經過的節點有哪些，通常是較少節點的品質會較好。

9.2 設定網路卡位置

學習目標 ☑ 瞭解 NetworkManager 的主要功用。

☑ 能夠在 Linux 中使用 nmtui 或 nmcli 設定網路位置。

9.2.1 NetworkManager

傳統上，在 RHEL 設定網路時需要編輯不少檔案，由於編輯檔案會有設定錯誤、參數錯誤等一些人為問題，對於進階設定，如網路介面綁定（Bond）、鏈路聚合控制協定（LACP，主要依據 IEEE 802.3ad 規範實作）等需求也較難設定，因此在 RHEL 7 版開始導入了 NetworkManager 這個服務，用來取代傳統 network 服務。

NetworkManager 是一個用於 Linux 發行版的網路連接管理工具，提供了一個集中式的方式來設定和管理網路組態，它主要是為了簡化多種網路組態設定和自動化連接行為而設計的。NetworkManager 支援各種常用連接類型，包括有線、無線，甚至是 VPN 和其他路由協定。為了讓管理者更方便設定網路，它提供了兩大管理工具，讓管理者進行設定：nmtui 與 nmcli。

主要特點如下：

◆ **操作方便**：透過圖形化介面（nmtui）和命令列（nmcli）工具提供多種設定選項。

◆ **支援多種協定**：支援包括 Wi-Fi、Ethernet、VPN 等多種協定。

◆ **進階協定設定**：針對伺服器常用的如 Bonding、LACP、Active/Backup 模式，可以用同一工具設定。

◆ **彈性設定**：支援進階的組態設定，如 IP 設定、DNS、路由等設定。

不論是 nmtui 或是 nmcli 工具，其設定完成後，主要設定檔會放在 /etc/Network Manager/system-connections/ 目錄中，筆者不建議大家直接修改裡面的檔案，而比

較建議大家使用工具來產生，這樣可以產生一致性的設定檔與統一管理，也可以減少人爲編輯錯誤的機率。

關於 DNS 的設定上，傳統需要手動修改 /etc/resolv.conf 檔案，在 NetworkManager 的統一管理之下，我們也只要使用管理工具設定就可以了。

爲了我們接下來更容易瞭解 nmtui 與 nmcli 二大工具，者可以參考本書第 1 章內容來安裝 2 台虛擬機器作爲練習環境，其網路卡規格配置如下：

表 9-2　虛擬機器網路卡規格配置

項目	Desktop	Server
主機名稱	desktop	server
NIC1：IP/Mask	NAT 自動取得。	NAT 自動取得。
NIC1：Gateway	NAT 自動取得。	NAT 自動取得。
NIC1：DNS	NAT 自動取得。	NAT 自動取得。
NIC2：IP/Mask	10.8.6.11/24	10.8.6.12/24
NIC2：Gateway	不用設定。	不用設定。
NIC2：DNS	不用設定。	不用設定。

完成表 9-2 後的架構，參考如下：

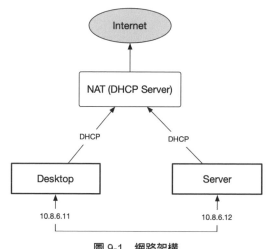

圖 9-1　網路架構

9.2.2 NetworkManager Text User Interface

nmtui 全稱為「NetworkManager Text User Interface」，使用這個工具可以用 Text UI 模式進行網路設定，較為友善與方便。

我們依據先前設計的表格來設定 Desktop 網路：

◆ **NIC1 網路介面**：① IP：自動取得；② Mask：自動取得；③ Gateway：自動取得；④ DNS：自動取得。

◆ **NIC2 網路介面**：① IP：10.8.6.11；② Mask：255.255.255.0（即 /24）；③ Gateway：不用設定；④ DNS：不用設定。

有了上面的資訊後，我們先檢查系統上的網路連接埠資訊。

🐧 檢查系統的網路連接埠資訊

透過 ip 工具的 address（或 addr）指令確認網路埠介面：

```
student$ ip addr
1: lo: <LOOPBACK,UP,LOWER_UP> mtu 65536 qdisc noqueue state UNKNOWN
group default qlen 1000
    link/loopback 00:00:00:00:00:00 brd 00:00:00:00:00:00
    inet 127.0.0.1/8 scope host lo
      valid_lft forever preferred_lft forever
    inet6 ::1/128 scope host
      valid_lft forever preferred_lft forever
2: enp1s0: <BROADCAST,MULTICAST,UP,LOWER_UP> mtu 1500 qdisc mq state
UP group default qlen 1000
    link/ether 56:6f:64:29:01:54 brd ff:ff:ff:ff:ff:ff
    inet 172.16.1.11/24 brd 172.16.1.255 scope global noprefixroute
enp1s0
      valid_lft forever preferred_lft forever
    inet6 fe80::546f:64ff:fe29:154/64 scope link
```

```
      valid_lft forever preferred_lft forever
3: enp4s0: <BROADCAST,MULTICAST,UP,LOWER_UP> mtu 1500 qdisc mq state
UP group default qlen 1000
    link/ether 56:6f:64:29:01:55 brd ff:ff:ff:ff:ff:ff
```

從以上輸出可以看到，這台 Desktop 的練習機裡有三個介面，分別為 lo、enp1s0 與 enp4s0，分別簡單說明如下：

◆ lo (Local Loopback Interface)：這是本機 Loopback 介面，主要用於系統內部通訊。IP 位址（IPv4）為 127.0.0.1/8，這是標準的本機回送位址範圍，僅用於本機通訊，不會透過網路卡發送到外部網路。

◆ enp1s0（**實體網路介面 1**）：這是第一個實體網路介面，用於外部網路通訊。IP 位址（IPv4）為 172.16.1.11/24，這表示該介面設定了 IP 位址 172.16.1.11，子網遮罩是 /24。

◆ enp4s0（**實體網路介面 2**）：第二個實體網路介面，與 enp1s0 類似，用於外部網路連接，但是它沒有配置 IPv4 位址。

{說明}　舊版核心的網路孔會顯示 ethX 的編號，但是這樣不容易分辨其插槽位置，從 RHEL 7 開始改由 enpXsY 的方式來進行區分，代表的是乙太網路（en）在第 X 個匯流排的第 Y 個插槽，有時也會以 enoX 代表其網路孔編號。

設定 IP 資訊

有了硬體資訊後，我們就可以設定 IP 資訊。設定 IP 時，必須使用 root 身分執行 nmtui 進行操作，設定時要記錄連接埠的編號，在本書示範為 enp4s0 的空連接埠。

操作 nmtui 時，會在螢幕顯示操作指引，使用鍵盤上的 ↑ 、 ↓ 、 → 、 ← 、 Tab 、 Space 與 Enter 鍵進行選擇與確認。

執行 nmtui：

```
student$ sudo nmtui
```

以下爲設定網路組態的具體流程：

Step 01 選擇「Edit a connection」。

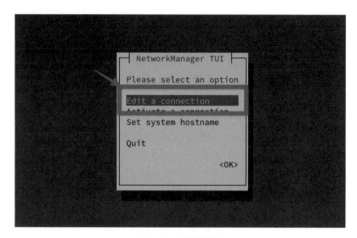

圖 9-2　設定連線

Step 02 新增一個組態，選擇「Add」。

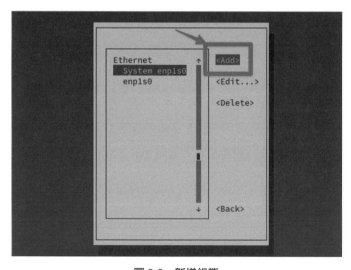

圖 9-3　新增組態

Step 03 設定新增的連線為「Ethernet」，然後按下「Create」按鈕。

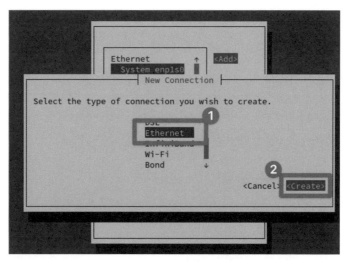

圖 9-4　建立 Ethernet 組態

Step 04 設定好各欄位項目，最後按下「OK」按鈕完成。

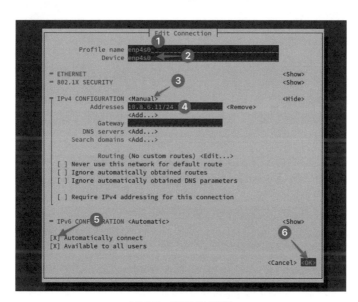

圖 9-5　設定 IP 組態

以上項目重點說明如下：

- Profile name：組態檔案名稱。

- Device：網路卡連接埠，和 ip addr 找出來的位置要相符。

- IPv4 CONFIGURATION：改為 <Manual> 手動設定。

- Addresses：設定 IP 位置，遮罩要使用 CIDR 表示法，如 255.255.255.255.0 為 /24。

- Automaticially connect：開機自動套用此組態。

Step 05 選擇「Back」回到上一層。

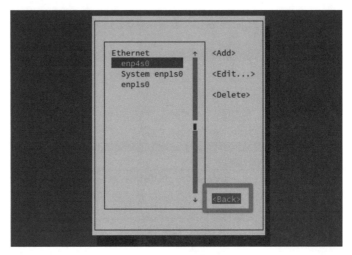

圖 9-6　返回選單。

Step 06 選擇「Activate a connection」啟用組態檔。

圖 9-7　啟用組態

Step 07 選擇剛剛設定好的組態檔，並按下「Deactivate」按鈕。

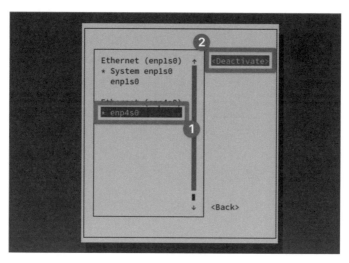

圖 9-8　關閉介面組態

Step 08 選擇 Step 07 已經關閉的組態，並按下「Activate」按鈕。

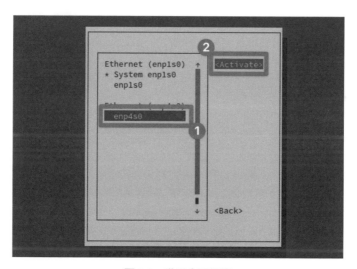

圖 9-9　啟用介面組態

Step 09 完成後可以看到組態再次生效（名稱前面有＊號），然後選擇「Back」。

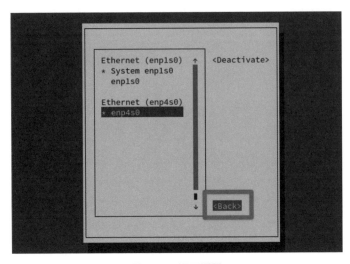

圖 9-10　返回選單

Step 10 完成後選擇「Quit」離開程式，完成設定。

圖 9-11　離開 nmtui

Step 11 完成設定後，可以使用 ip 指令驗證是否有生效：

```
student $ ip addr
1: lo: <LOOPBACK,UP,LOWER_UP> mtu 65536 qdisc noqueue state UNKNOWN
group default qlen 1000
    link/loopback 00:00:00:00:00:00 brd 00:00:00:00:00:00
```

```
      inet 127.0.0.1/8 scope host lo
         valid_lft forever preferred_lft forever
      inet6 ::1/128 scope host
         valid_lft forever preferred_lft forever
2: enp1s0: <BROADCAST,MULTICAST,UP,LOWER_UP> mtu 1500 qdisc mq state
UP group default qlen 1000
      link/ether 56:6f:64:29:01:54 brd ff:ff:ff:ff:ff:ff
      inet 172.16.1.11/24 brd 172.16.1.255 scope global noprefixroute
enp1s0
         valid_lft forever preferred_lft forever
      inet6 fe80::546f:64ff:fe29:154/64 scope link
         valid_lft forever preferred_lft forever
3: enp4s0: <BROADCAST,MULTICAST,UP,LOWER_UP> mtu 1500 qdisc mq state
UP group default qlen 1000
      link/ether 56:6f:64:29:01:55 brd ff:ff:ff:ff:ff:ff
      inet 10.8.6.11/24 brd 10.8.6.255 scope global noprefixroute enp4s0
         valid_lft forever preferred_lft forever
      inet6 fe80::feb9:5e2f:4b98:de39/64 scope link noprefixroute
         valid_lft forever preferred_lft forever
```

Step 12　在 enp4s0 介面的 inet 上看到 IP 的話，代表設定成功且已成效，可參考圖
9-12。

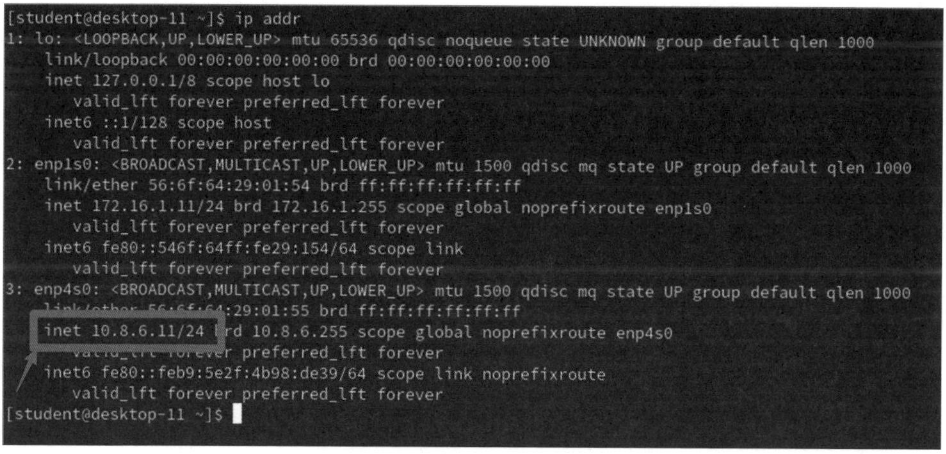

圖 9-12　查看 IP 生效完成

設定網路連接埠配對時，DEVICE 欄位要和 ip addr 找出的編號相同才會生效。
{說明}

9.2.3　NetworkManager Command Line Interface

nmcli（NetworkManager Command Line Interface）是一個 NetworkManager 提供的指令型設定工具，相對於 UI 操作來說，就沒有這麼多的操作流程，但要使用指令的話，就要先瞭解設定參數，一旦熟悉後就可以很快完成設定。

以下是 nmcli 組態會用到的相關參數：

◆ ipv4.addresses：設定 IPv4 位址和子網遮罩（以 CIDR 格式設定）。

◆ ipv4.gateway：設定 IPv4 預設閘道。

◆ ipv4.dns：設定 IPv4 DNS 伺服器。

◆ ipv4.method：設定 IPv4 配置方法為手動（manual）。

◆ connection.autoconnect：設定該連接為開機時自動啟動。

瞭解以上的參數後，我們就可以開始練習設定。在 Desktop 中我們使用了 nmtui，而 nmcli 則使用 Server 來實作。

我們依據先前設計的表格來設定 Server 網路：

◆ NIC1 網路介面：① IP：自動取得；② Mask：自動取得；③ Gateway：自動取得；④ DNS：自動取得。

◆ NIC2 網路介面：① IP：10.8.6.12；② Mask：255.255.255.0（或 /24）；③ Gateway：不用設定；④ DNS：不用設定。

🐧 檢查 Server 的網路連接埠資訊

查看 Server 上的網路連接埠：

```
student$ $ ip addr
1: lo: <LOOPBACK,UP,LOWER_UP> mtu 65536 qdisc noqueue state UNKNOWN
group default qlen 1000
    link/loopback 00:00:00:00:00:00 brd 00:00:00:00:00:00
    inet 127.0.0.1/8 scope host lo
      valid_lft forever preferred_lft forever
    inet6 ::1/128 scope host
      valid_lft forever preferred_lft forever
2: enp1s0: <BROADCAST,MULTICAST,UP,LOWER_UP> mtu 1500 qdisc fq_codel
state UP group default qlen 1000
    link/ether 56:6f:64:29:01:56 brd ff:ff:ff:ff:ff:ff
    inet 172.16.2.11/24 brd 172.16.2.255 scope global noprefixroute
enp1s0
       valid_lft forever preferred_lft forever
    inet6 fe80::546f:64ff:fe29:156/64 scope link
      valid_lft forever preferred_lft forever
3: enp4s0: <BROADCAST,MULTICAST,UP,LOWER_UP> mtu 1500 qdisc fq_codel
state UP group default qlen 1000
    link/ether 56:6f:64:29:01:57 brd ff:ff:ff:ff:ff:ff
```

我們選擇 enp4s0 這個介面作爲設定的目標。

使用 connection show 可以顯示被 NetworkManager 納管的組態檔：

```
student$ sudo nmcli connection show
NAME                UUID                                  TYPE
DEVICE
System enp1s0       c0ab6b8c-0eac-a1b4-1c47-efe4b2d1191f  ethernet
enp1s0
lo                  b7ad8d5f-1f26-4d6c-a794-0c47246f8d2a  loopback   lo
enp1s0              2e628781-e899-38df-9d08-2ecd880c508e  ethernet   --
Wired connection 1  ce25f0da-c42e-3e27-9f16-5ab9265760cf  ethernet   --
```

從上面的輸出可以看到，DEVICE 裡沒有爲 enp4s0 套用的組態（NAME），所以我們爲 enp4s0 新增一個組態爲 enp4s0。

🐧 新增組態

新增一個組態為 enp4s0，設定方法如下：

```
student$ sudo nmcli connection add type ethernet ifname enp4s0 con-name
enp4s0
Connection 'enp4s0' (1bd48173-e27a-4f31-8d71-440e08f8464f) successfully
added.
```

完成後，查看該組態是否為 NetworkManager 列管：

```
student$ sudo nmcli connection show
NAME               UUID                                   TYPE       DEVICE
enp4s0             1bd48173-e27a-4f31-8d71-440e08f8464f   ethernet   enp4s0
System enp1s0      c0ab6b8c-0eac-a1b4-1c47-efe4b2d1191f   ethernet   enp1s0
lo                 b7ad8d5f-1f26-4d6c-a794-0c47246f8d2a   loopback   lo
enp1s0             2e628781-e899-38df-9d08-2ecd880c508e   ethernet   --
Wired connection 1 ce25f0da-c42e-3e27-9f16-5ab9265760cf   ethernet   --
```

以上輸出結果已經新增了 NAME 欄位為 enp4s0（由 con-name 所設定）的組態，對應到 DEVICE 為 enp4s0（由 ifname 所設定），代表新增成功。

🐧 設定組態

接下來設定該組態，套用我們設計好的 IP 與遮罩：

```
student$ sudo nmcli connection modify enp4s0 \
> ipv4.addresses 10.8.6.12/24 \
> ipv4.method manual \
> connection.autoconnect yes
```

完成後，套用 NAME 為 enp4s0 組態檔：

```
student$ sudo nmcli connection up enp4s0
Connection successfully activated (D-Bus active path: /org/freedesktop/
NetworkManager/ActiveConnection/51)
```

查看 IP 設定生效：

```
student$ ip address
1: lo: <LOOPBACK,UP,LOWER_UP> mtu 65536 qdisc noqueue state UNKNOWN
group default qlen 1000
    link/loopback 00:00:00:00:00:00 brd 00:00:00:00:00:00
    inet 127.0.0.1/8 scope host lo
       valid_lft forever preferred_lft forever
    inet6 ::1/128 scope host
       valid_lft forever preferred_lft forever
2: enp1s0: <BROADCAST,MULTICAST,UP,LOWER_UP> mtu 1500 qdisc fq_codel
state UP group default qlen 1000
    link/ether 56:6f:64:29:01:56 brd ff:ff:ff:ff:ff:ff
    inet 172.16.2.11/24 brd 172.16.2.255 scope global noprefixroute
enp1s0
       valid_lft forever preferred_lft forever
    inet6 fe80::546f:64ff:fe29:156/64 scope link
       valid_lft forever preferred_lft forever
3: enp4s0: <BROADCAST,MULTICAST,UP,LOWER_UP> mtu 1500 qdisc fq_codel
state UP group default qlen 1000
    link/ether 56:6f:64:29:01:57 brd ff:ff:ff:ff:ff:ff
    inet 10.8.6.12/24 brd 10.8.6.255 scope global noprefixroute enp4s0
       valid_lft forever preferred_lft forever
    inet6 fe80::f0bd:26f3:5212:ede8/64 scope link noprefixroute
       valid_lft forever preferred_lft forever
```

　　由 ip 指令的輸出來看，若可以看到 enp4s0 中的 inet 已經套用了指定的 IP 位置，代表設定成功。

9.2.4 測試連線

由於 Desktop 與 Server 都已經完成了第二個網路連接埠設定，現在我們可以使用 ping 相互確認 2 台主機使用新 IP 是否可以連線。

在 Desktop 連線 Server：

```
student$ ping -c 3 10.8.6.12
PING 10.8.6.12 (10.8.6.12) 56(84) bytes of data.
64 bytes from 10.8.6.12: icmp_seq=1 ttl=64 time=0.543 ms
64 bytes from 10.8.6.12: icmp_seq=2 ttl=64 time=0.305 ms
64 bytes from 10.8.6.12: icmp_seq=3 ttl=64 time=0.402 ms

--- 10.8.6.12 ping statistics ---
3 packets transmitted, 3 received, 0% packet loss, time 2032ms
rtt min/avg/max/mdev = 0.305/0.416/0.543/0.097 ms
```

在 Server 連線 Desktop：

```
student$ ping -c 3 10.8.6.11
PING 10.8.6.11 (10.8.6.11) 56(84) bytes of data.
64 bytes from 10.8.6.11: icmp_seq=1 ttl=64 time=0.285 ms
64 bytes from 10.8.6.11: icmp_seq=2 ttl=64 time=0.648 ms
64 bytes from 10.8.6.11: icmp_seq=3 ttl=64 time=0.431 ms

--- 10.8.6.11 ping statistics ---
3 packets transmitted, 3 received, 0% packet loss, time 2038ms
rtt min/avg/max/mdev = 0.285/0.454/0.648/0.149 ms
```

以上 Desktop 與 Server 相互測試如都有回應，代表 IP 設定正確。

 本節介紹了 IP 的設定方法，但在 Linux 設定的時候，需要連同遮罩一起使用 CIDR
{説明} 表示法，如果對 CIDR 不熟悉的話，可在以下檔案快速查詢：[URL] https://www.
apnic.net/wp-content/uploads/2017/01/APNIC_CIDR-Chart-IPv4_03.pdf。

9.3 ┊ SSH 遠端連線管理

學習目標　☑ 瞭解 SSH 協定運作方式。

　　　　　☑ 透過 Linux 連入遠端主機進行管理。

9.3.1　什麼是 SSH

管理 Linux 時，和一般使用電腦不同，它們可以是在地球的另一端的機器，也可能在虛擬的雲端上面，但我們仍然要去管理它，當然總不能每次都要買機票，然後到當地接上鍵盤滑鼠開始打字，因此就會有遠端管理需求的出現。

遠端管理大部分透過網路的方式來實現，一般流程就是開啓遠端軟體，然後輸入主機、帳號與密碼進行管理作業。

以往在管理 Linux 時，Telnet 是最常用的遠端管理工具之一。Telnet 是一種應用層協定，使用者或管理者可以透過它連接到遠端伺服器並執行命令。然而，Telnet 的最大問題在於它的明文傳輸方式。

當使用者使用 Telnet 連線時，它們輸入的所有資料包括使用者名稱、密碼及指令，都是以明文形式在網路上傳輸的，代表這些敏感資訊可以被任何攔截網路流量的攻擊者輕易取得。此外，Telnet 本身並沒有加密機制或身分驗證的強化措施，因此使用者在管理遠端伺服器時的所有操作和資料傳輸，都處於無保護的狀態。

隨著網際網路的普及與資訊安全意識抬頭，大部分管理者都能理解攻擊者使用網路分析工具（例如：Wireshark）輕易攔截 Telnet 傳輸的流量，並竊取系統憑證和其他敏感資訊。隨著這些安全漏洞的暴露，企業和組織意識到 Telnet 的使用帶來了大量的風險，因此加密的協定開始受到重視。

在這樣的背景下，1995 年芬蘭學者 Tatu Ylönen 開發了 SSH（Secure Shell）協定，主要是希望能取代 Telnet，提供一個更安全的遠端登入和資料傳輸方式。SSH 的功能和特色如下：

◆ 加密傳輸：SSH 使用加密技術來保護資料在傳輸過程中的機密性。

◆ 多樣化的身分驗證機制：SSH 提供多種身分驗證方法，包括傳統的密碼驗證和公私鑰對驗證，以提升連線的安全性和可信度。

◆ 遠端連線的高安全性：透過加密和強化的身分驗證，SSH 大幅減少了傳統遠端登入工具在安全性上的風險，使其成為 Telnet 的可靠替代方案。

在 SSH 推出後，很快就得到全球 IT 管理員的認可。隨著 SSH 的普及，企業和組織逐漸將遠端管理工具從 Telnet 轉換為 SSH，這不僅提升了管理過程的安全性，也改變了 IT 業界對遠端登入和系統管理的標準。

{說明} 以筆者使用 Linux 的經歷來看，從 telnet 轉到 ssh 連線管理，似乎只使用一、二年的時間就普級了，相當快速。

9.3.2　SSH 基本架構與工作原理

SSH（Secure Shell）的基本架構與工作原理，包括以下三個核心組成部分，以確保 SSH 的安全性和可靠性：

🐧 用戶端與伺服器端的架構

SSH 協定由兩個主要部分構成：「SSH 用戶端」（client）和「SSH 伺服器端」（server）。用戶端是發起連線的一方，通常是使用者的電腦，而伺服器端則是被管理的遠端主機。當用戶端發起 SSH 連線時，伺服器端會進行身分驗證並協商加密方式，確保通訊過程的安全性。

🐧 加密與身分驗證機制

SSH 的安全性依賴於兩個重要技術：

加密

SSH 使用對稱加密、非對稱加密以及雜湊函數，來確保連線的機密性和完整性。在連線建立時，SSH 伺服器和用戶端先進行公鑰交換，並產生對稱密鑰，用於後續的資料加密。這種混合加密技術可以有效保護資料不被第三方輕易破解。

身分驗證

SSH 支援多種身分驗證方式，最常見的有兩種：

◆ 密碼驗證：使用者透過輸入密碼來驗證身分。

◆ 公私鑰對驗證：使用者預先產生一對公私鑰，將公鑰儲存在遠端伺服器上，當使用者連線時，伺服器使用公鑰來驗證使用者的私鑰登入資訊，這是一種更為安全的方式。

🐧 資料傳輸的保護機制

身分驗證和加密協商完成後，SSH 會使用已建立的安全通道進行資料傳輸。SSH 保護資料傳輸的幾個機制如下：

◆ 完整性檢查：SSH 使用雜湊函數來驗證傳輸過程中的資料完整性，確保資料在傳輸過程中沒有被竄改。

◆ 加密通訊：所有的資訊（包括使用者指令和伺服器回應）在傳輸過程中，都經過加密，以防止第三方截取和竊取資訊。

◆ 端對端安全：SSH 確保從用戶端到伺服器端之間的所有通訊都是安全的，不僅限於命令執行，還包括檔案傳輸（如 SCP 和 SFTP）和遠端連接埠（Port）轉發等功能，所有這些操作均被加密保護。

這些架構和工作原理使 SSH 成為目前遠端管理和網路通訊中被認為安全可靠的工具。

9.3.3　SSH 連線的基本操作

由於 ssh 主要是由用戶端發起到主機端，所以在發起連線後，會先有加密與驗證的接端。以下為一個全新連線的流程：

```
1   [student@desktop ~]$ ssh student@172.16.2.11
2   The authenticity of host '172.16.2.11 (172.16.2.11)' can't be
established.
3   ED25519 key fingerprint is SHA256:ZJRw1t8En48XxAEtTT5HIx5BckuYDji
AeRcIa8Cd79M.
4   This key is not known by any other names
5   Are you sure you want to continue connecting (yes/no/[fingerprint])?
yes
6   Warning: Permanently added '172.16.2.11' (ED25519) to the list of
known hosts.
7   student@172.16.2.11's password:
8   [student@server ~]$
```

以上 8 個流程項目逐一說明如下：

Step 01 使用者 student 在本地 desktop 終端機進行連線，連到遠端 172.16.2.11 的 student 帳戶。

Step 02 由於 desktop 上的 student 是第 1 次連線，但沒有相關的連線金鑰，所以無法連線。

Step 03 伺服器傳送一把主機端的公鑰，在 desktop 中顯示出來。

Step 04 提示使用者這把公鑰目前並不認得。

Step 05 要求使用者決定是否信任這把公鑰，如果要連線就要輸入「yes」。

Step 06 提示使用者該把金鑰存入 desktop 的 student 帳戶中。

Step 07 在加密的情況下，輸入遠端帳密的密碼。

Step 08 連線成功，主機端提供操作介面來供使用者開始操作。

以上是初次連到主機的流程，由於在第一次已經接收過伺服器公鑰，所以之後再連線時只會要求密碼。

這把伺服器公鑰是屬於公開的，要讓用戶端和伺服器在傳送資料時進行加解密，預設它會存放在用戶端帳號的 .ssh/known_hosts 檔案裡，該檔案內容是文字檔。

我們在 Desktop 中透過 cat 可以開啓該檔案查看：

```
student$ cat .ssh/known_hosts
172.16.2.11 ssh-ed25519 AAAAC3NzaC1lZDI1NTE5AAAAIKMasfaM+RmF4FNKMWK4vQ
NT/j3BalveLjQZu+9kh+nu
172.16.2.11 ssh-rsa
AAAAB3NzaC1yc2EAAAADAQABAAABgQDCkM6ftFBuXI60pvZI0bB4mkzNUcC8TcbCTITRc
utDbRhBzyrLgqajx76DCB75YWT/X5uMeKnT41JD8jduQ2dLJD72GGdQbrykE+AZ/OXKyYp
pm6rZDfpAeR+dXpp8fyBAXUVzH1A7DQfmV498UdEUVcEaZrLSl2TKgmU/OkDnas1jrOgrv
p9PbPpAuMDFnrJ2ICynCn9dMbW2un3N+xzbIlF3F0doBN+y6xGk8g7Jz2+lOEqp3yxzr9L
4cYJgOtUFRcHbHNlXqT+hrgm07vXuIJs69ZgqWuq/lAuUP+Nnb+fhH0FtoWdMsIDBQizwQ
d4Obpv2YpRthLYQGebbI9B3GlJE5aL4tAqc9IZ00meaXZxCBi7nx0i32Os3i1KW7PbgWdL
2F0aE0L9b1PSXcspByoKzMwvAKptxiK/E7LnIZdxsf7r3FKbNUD3Jwxq0aeOkUK2gRgIXu
eo8N/zwYu/l7Ifgjt9sgZazing1RtO6dgMCv1Vfp4XZmqWt8q1DxhE=
172.16.2.11 ecdsa-sha2-nistp256
AAAAE2VjZHNhLXNoYTItbmlzdHAyNTYAAAAIbmlzdHAyNTYAAABBBNPqGzcZSM+ChgJ/go
7IyFdl90wpxxJpYjoSYdqGxDGpSHsQZxD6QqOcyhGDklfl2QrPwN/cne8cvClNBiHxe8w=
```

 由於 SSH 的加密特性，很多檔案傳送機制也使用 SSH 進行傳檔，如 SSH 原生提供
{說明} 的 SFTP、rsync 等都是常見的整合應用。

MEMO

作業系統套件管理

為了滿足應用程式的需求或是管理時所需要的工具，系統管理員需執行套件
安裝作業。在 Rocky Linux 可以使用單一程式的部署方式或是利用管理工具，
讓系統中的套件統一納管。

在本章中，讀者將瞭解為什麼要使用套件管理工具，以及解決套件相依性的問題，讓套件安裝、更新與維護更加容易。

表 10-1 本章相關指令與檔案

重點指令與服務		重點檔案
• rpm	• dnf	• /etc/yum.repos.d/*.conf

10.1 套件管理需求

學習目標　☑ 瞭解為什麼需要套件管理工具。

　　　　　☑ 瞭解 Rocky Linux 可以用來管理套件的工具。

　　　　　☑ 瞭解套件管理工具的演進。

在 Linux 各大發行版中，對於安裝軟體這件事，大多都有自己的管理方式，我們在 Linux 中要安裝軟體通常不會使用「軟體」（Software）這個詞，更多時候會使用「套件」（Package）來表示。

在 Linux 作業系統裡，要執行指定的程式指令不是無故就有的，而是該程式檔案已經是可執行檔，然後作業系統得以載入並執行。在此之前，該程式的原始身分其實就是一行一行的程式碼，要能夠執行這些程式碼，就要把它們轉成（編譯）機器看得懂的機器碼，完成後才能執行。

但是每一個使用者的環境都不一樣，撰寫程式的作者無法知道每一個使用者的操作環境是否如預期一樣可以執行這些程式，特別是在 Linux 這種開放又自由的系統架構中，因此各大發行版就產生了自己的程式封裝格式，透過這些封裝格式，把可以執行的程式包裝起來，然後再進行命名、編制版本號碼、規定安裝的路徑等規格，這樣就可以透過套件管理工具來進行管理。

10.1.1　RPM 套件封裝格式

在 Rocky Linux 中，使用和 RHEL 相容的管理方式，所以最基礎的套件管理格式為 RPM 格式，要管理 RPM 必須使用同名的管理工具—「rpm」，「rpm」是一個套件管理指令，它允許我們安裝、升級、設定或者移除軟體套件。與原始碼編譯軟體相較，使用 RPM 等套件管理系統更為方便且更有效率。

RPM 是一個套件封裝格式，使用 rpm 來管理它，這我們已經知道了。RPM 記載著這個套件的資訊、版本、相依套件。

基本上，一個 RPM 檔案包含了下列主要的項目：

◆ **可執行檔**：這是編譯後的程式檔案，是 RPM 檔案的核心內容，讓電腦能夠執行程式的功能。

◆ **設定檔**：這些檔案包含了軟體的設定資訊，例如：資料庫連線、使用者權限等，透過設定來調整程式的行為。

◆ **函式庫**：程式運作時所需的資源，提供各種功能和 API 供程式使用，避免程式碼重複，也讓軟體開發更有效率。

◆ **檔案**：包含軟體的使用說明、授權資訊、說明檔案等，幫助使用者了解和使用該軟體。

◆ **元資料**：這是關於套件包本身的資訊，例如：套件名稱、版本號、授權類型、相依性等，方便 RPM 管理工具進行管理和操作。

安裝套件

假設有一個套件為 foo.rpm，我們可以使用 rpm 來安裝它：

```
student$ sudo rpm -ivh foo.rpm
```

此時 foo.rpm 可能會有相依性問題，像是它出現錯誤告訴我們需要 bar 套件，此時我們就要先處理 bar 之後，再重新安裝 foo.rpm，對於這種安裝流程會有很多困擾，尤其是在多層相依時更爲嚴重。

安裝套件時遇到相依問題

以下爲一個安裝 httpd 套件時遇到相依問題的案例：

```
student$ sudo rpm -ivh httpd-2.4.53-11.el9_2.5.x86_64.rpm
```

結果出現錯誤：

```
error: Failed dependencies:
    httpd-core = 0:2.4.53-11.el9_2.5 is needed by httpd-2.4.53-11.el9_
2.5.x86_64
    system-logos-httpd is needed by httpd-2.4.53-11.el9_2.5.x86_64
```

雖然 rpm 看起來好像有其不方便的地方，但因爲它是直接管理 RPM 格式的主要工具，所以使用 rpm 反而能夠看到原始 RPM 的詳細內容與資訊，讓管理者更好瞭解套件的詳細資訊。

{說明} 事實上，RPM 檔案的前身為 SRPM（Source RPM），其中也包含了軟體原始碼等資訊，RPM 檔案在製作的時候，會把 SRPM 內容進行封裝與必要的編譯作業，這個工作大部分是 RPM 提供者會處理的。

10.1.2　相依性與 YUM 解決方案

然而，rpm 有一個明顯的管理問題，就是上述的相依性問題需要手動處理，在多層次的相依關係下，要處理的項目就更多了。如果某個 RPM 套件依賴於其他套件，rpm 並不會自動解決這種相依性，這就是 yum（Yellowdog Updater，Modified）出現的原因。

　　yum 可以自動解決相依性問題，並且它還能從各種軟體倉庫（Repositories）中
下載和安裝套件，這大大簡化了套件管理過程。透過 yum 這個方便工具，我們可
以使用下列方式安裝 httpd 套件：

```
student$ yum install httpd
```

10.1.3　DNF 與模組化需求

　　隨著軟體和需求的發展，資訊科技界開始需要更高效和靈活的套件管理工具。
尤其是在處理多版本和模組化需求時，yum 已經無法滿足這些需求，於是 dnf
（Dandified YUM）應運而生，它不僅更快，處理套件效率更好，也支援模組化的
套件管理方式。

　　dnf 最初在 Fedora 中被採用，後來也被引入到 RHEL 8 中，所以 Rocky Linux 也
能使用一樣的管理工具。dnf 是 yum 的下一代版本，基本上與 yum 的指令參數是
相容的，這也代表說 yum 使用的參數，在 dnf 大多也可以繼續使用。

　　如上一例的說明，若要安裝 httpd 套件的話，我們在 dnf 中可以這麼做：

```
student$ sudo dnf install httpd
```

10.1.4　套件管理工具的演進

　　不論是使用 yum 還是 dnf，這些工具的核心目的都是為了更有效管理 RPM 套
件，這些高階工具解決了 rpm 所面臨的相依性問題，並引入了更多進階功能，如
模組化管理和自動更新。因此，對於任何使用 Linux 的系統管理員來說，熟悉這些
套件管理工具是非常重要的，這不僅能簡化管理過程，也能確保系統的穩定性和
安全性。

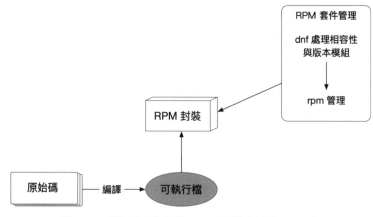

圖 10-1　原始碼、執行檔、RPM 封裝與管理工具關係

由圖 10-1 我們可以理解，現代管理 Linux 套件的方式大多已經演變成操作 RPM 檔案本身，而不是從原始碼開始轉成可執行檔使用。而我們也較少使用 rpm 指令操作 RPM 檔案，大多已改由更高階的 dnf 等工具來輔助，以提升套件管理的效率。

10.2　RPM 管理

學習目標　☑ 使用 rpm 查看指定 RPM 檔案資訊。

☑ 查詢系統中已經安裝的 RPM 套件資訊。

☑ 查詢系統中指定檔案由哪一個 RPM 套件所提供。

rpm 指令是管理 RPM 套件的基礎工具。在 Rocky Linux 管理作業中，雖然大部分情況下，我們會依賴更高層次的套件管理工具，如 yum 或 dnf，但 rpm 指令仍然是底層工具中不可或缺的一部分。它為我們提供了直接操作 RPM 套件的能力，這在需要進行深入審查或解決疑難問題時尤為重要。

儘管在日常操作中不常需要直接使用 rpm 指令，但在某些特定情境下，我們必須查詢系統中已安裝的套件資訊，或是了解某一特定檔案來自於哪個套件，此時

rpm 指令便顯得十分實用。在本節中，我們將圍繞「查詢套件資訊」這一主題，向讀者介紹如何利用 rpm 指令來查看各種套件的詳細資訊。

具體來說，我們是使用 rpm 指令來查看指定 RPM 檔案的元資料，包括版本號、發行者、依賴關係等資訊。此外，我們還會學習如何查詢系統中已經安裝的所有 RPM 套件，並從中獲取詳細的資料。

透過這些學習，讀者將能夠更深入理解 RPM 套件管理，並能在需要時靈活運用 rpm 指令來應對各種套件管理情境。

10.2.1　查看系統已安裝套件

在 Linux 系統管理作業，檢視系統上已安裝的軟體套件是一項常見且重要的操作，有時可能是為了檢查指定的套件是否已安裝，或是因為資訊安全的需求而進行系統套件的盤點，此時使用 -qa 參數，就可以很快得到結果。

🐧 列出系統內已安裝套件

使用下列指令查出系統安裝的所有套件，並顯示前 10 筆：

```
student$ sudo rpm -qa | head
```

輸出結果如下：

```
libgcc-11.2.1-9.4.el9.x86_64
linux-firmware-whence-20220209-126.el9_0.noarch
crypto-policies-20220223-1.git5203b41.el9_0.1.noarch
tzdata-2022a-1.el9_0.noarch
linux-firmware-20220209-126.el9_0.noarch
gawk-all-langpacks-5.1.0-6.el9.x86_64
libssh-config-0.9.6-3.el9.noarch
libreport-filesystem-2.15.2-6.el9.rocky.0.2.noarch
```

```
dnf-data-4.10.0-5.el9_0.noarch
ncurses-base-6.2-8.20210508.el9.noarch
```

10.2.2　列出套件內的檔案

對於系統中已經安裝的套件，想要瞭解該套件提供了哪些檔案或目錄，可以使用 -ql 參數來完成。

以下示範使用 -ql 參數查詢 apr-1.7.0-11.el9.x86_64 套件內提供的項目：

```
student$ sudo rpm -ql apr-1.7.0-11.el9.x86_64
/usr/lib/.build-id
/usr/lib/.build-id/09
/usr/lib/.build-id/09/3f313c88fe52caaeae081468e3bce56ac01d8f
/usr/lib64/libapr-1.so.0
/usr/lib64/libapr-1.so.0.7.0
/usr/share/doc/apr
/usr/share/doc/apr/CHANGES
/usr/share/doc/apr/LICENSE
/usr/share/doc/apr/NOTICE
/usr/share/doc/apr/README
/usr/share/doc/apr/README.cmake
/usr/share/doc/apr/README.deepbind
/usr/share/doc/apr/README.deepbind.deepbind
```

10.2.3　查看檔案的套件提供者

在進行系統管理或故障排除時，有時需要確認某個特定檔案是由哪個套件安裝的，這對於解決依賴問題或追蹤套件來源特別有幫助。舉例來說，當管理員發現系統中有一個檔案，但不確定它來自於哪個套件時，就可以使用 rpm 指令的 -f 參數來查詢。

以下示範要查出系統中 /usr/lib64/libxml2.so.2 檔案是屬於哪一個套件：

```
student$ sudo rpm -qf /usr/lib64/libxml2.so.2
```

若該檔案有記錄在 RPM 資料庫的話，就會顯示其對應的套件名稱，如下所示：

```
libxml2-2.9.13-1.el9.x86_64
```

從上列輸出可以得知，/usr/lib64/libxml2.so.2 是由 libxml2 所提供，而系統上安裝 libxml2 的版本號爲 2.9.13-1。

10.2.4　查看套件的修改資訊

從資訊安全的角度來看，每一個套件的更新或安裝都應該有其變更紀錄，我們稱之爲「Changelog」。要查看套件的版本變更紀錄，可以使用 --changelog 參數。

以下範例展示如何查看 kernel 套件的變更紀錄。由於輸出的內容可能會很多，我們可以使用 head 指令來只顯示前 10 行的紀錄：

```
student$ sudo rpm -q --changelog kernel | head
```

輸出修改紀錄，如下所示：

```
* Tue May 17 2022 Release Engineering <releng@rockylinux.org> - 5.14.0-
70.13.1
- Porting to 9.0, debranding and Rocky branding with new release pkg
(Sherif Nagy)
- Porting to 9.0, debranding and Rocky branding (Louis Abel)

* Thu Apr 14 2022 Herton R. Krzesinski <herton@redhat.com> [5.14.0-70.
13.1.el9_0]
- redhat: disable uncommon media device infrastructure (Jarod Wilson)
[2074598]
- netfilter: nf_tables: unregister flowtable hooks on netns exit
```

```
(Florian Westphal) [2056869]
- netfilter: nf_tables_offload: incorrect flow offload action array size
(Florian Westphal) [2056869] {CVE-2022-25636}
- netfilter: nf_tables: validate registers coming from userspace.
(Phil Sutter) [2065350] {CVE-2022-1015}
- scsi: qedi: Fix failed disconnect handling (Chris Leech) [2071524]
```

透過 Changelog 的確認，可以讓我們知道套件的修改說明，進一步確認其狀態。

{說明} 在比較要求資訊安全的管理者來說，有時會使用 rpm 指令來查看要安裝或更新的 RPM 套件是否有明確的修改紀錄，以便確認套件更新或異動的部分。雖然 dnf 指令在 Rocky Linux 是主要管理套件的工具，但是瞭解 rpm 的基本用法，才能讓套件管理更加完整。接下來，10.3 小節會討論有關 dnf 的管理工作，管理者仍然可以在 Rocky Linux 中使用 yum 進行套件管理，但實際上它就是指到 dnf 指令了，換言之，執行 yum 就是在執行 dnf。

10.3 使用 DNF 管理套件

學習目標 ☑ 瞭解套件安裝來源與設定檔結構。

☑ 使用 dnf 進行套件查詢、安裝、更新與移除。

☑ 使用 dnf 進行套件模組操作。

10.3.1 儲存庫

在 Rocky Linux 9 中，通常使用 dnf 指令進行套件管理，在使用它的時候，會讀取設定檔，依設定檔裡的內容決定要到哪些地方找出可以安裝的套件，這些地方最終會指到一個套件儲存位置，我們稱之為「套件儲存庫」（Repository）。

🐧 儲存庫的設定內容

儲存庫的設定檔案放到 /etc/yum.repos.d/ 目錄，每一個設定檔案都以 .repo 作為副檔名，但是一個設定檔裡面可以設定多個套件安裝來源，它們透過類似像 .ini 檔案的方式進行區別。

典型的 .repo 設定檔內容如下：

```
[example-repo]
name=Example Repository
baseurl=http://example.com/repo/$releasever/$basearch/
enabled=1
gpgcheck=1
gpgkey=http://example.com/repo/RPM-GPG-KEY-example
```

以上的示範為一個儲存庫的設定區塊。以下為各行的說明：

◆ [example-repo]：這是儲存庫的 ID，用來標示該儲存庫，作業系統中的各 .repo 裡的 ID 不可以重複，必須是唯一值。

◆ name：儲存庫的名稱，用來讓管理者方便識別的說明。

◆ baseurl：套件安裝來源的位置，通常是 http:// 或是 https://，也支援 file://、ftp:// 等協定。示範中的案例變數如 $releasever（發行版本號）和 $basearch（系統架構）會在操作 dnf 的時候自動代入。

◆ enabled：設定此儲存庫是否啟用。1 為啟用，0 為停用。

◆ gpgcheck：決定是否檢查套件的 GPG 簽名，主要用來驗證套件 RPM 是否由信任的單位所包裝。1 為檢查，0 為不檢查。

◆ gpgkey：指定 GPG 密鑰的 URL，用於驗證 RPM 套件。當 gpgcheck 參數為 1 時，這個參數才會使用到。

瞭解儲存庫的檔案格式後，我們就可以隨意增加、修改或停用套件外部儲存庫來源，更有效率管理套件。

🐧 查詢套件安裝來源

文字檔案雖然是設定 repo 最基本的方式，但手動查看總是會有所遺漏，因此管理者也可以使用 dnf 查詢可以使用的安裝來源：

```
student$ sudo dnf repolist
repo id          repo name
appstream        Rocky Linux 9 - AppStream
baseos           Rocky Linux 9 - BaseOS
extras           Rocky Linux 9 - Extras
```

由上輸出可以看到，在示範主機上若要安裝套件，可以從 3 個來源進行處理，這比我們手動確認檔案來得輕鬆與直覺。當 dnf 確認好各套件的關係時，會使用 rpm 指令進行實際的 RPM 操作，因此 dnf 其實是和 rpm 互相使用。

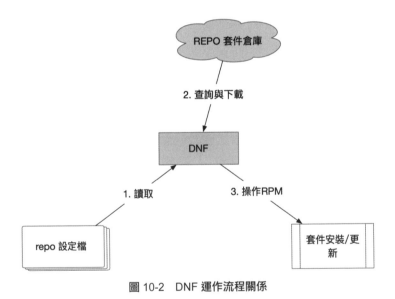

圖 10-2　DNF 運作流程關係

10.3.2　安裝套件

有了 dnf，安裝套件是一件很輕鬆的事，它可以把相關的相依套件一併解決，但是在安裝之前，我們應該先進行一些檢查，以確認這些套件是我們所需。

🐧 檢查套件狀態

我們以 httpd 這個 Apache 網頁伺服器的套件來示範，以進行說明。若是已經知道具體要安裝的套件名稱，像是本例的 httpd 套件，我們可以使用 dnf 的 list 指令來查看是否有該套件可以安裝。

使用下列方式來檢查 httpd 套件狀態：

```
student$ sudo dnf list httpd
```

如果該套件能夠被找到，就會輸出如下的資訊：

```
Last metadata expiration check: 2:45:30 ago on Wed 14 Aug 2024 01:46:
46 PM CST.
Available Packages
httpd.x86_64                    2.4.57-8.el9                    appstream
```

從上面的輸出結果來看，可以知道在 appstream 的儲存庫裡提供了 httpd.x86_64 套件，版本為 2.4.57-8.el9，而且還沒有安裝。如果 httpd.x86_64 有安裝的話，會在 appstream 前方出現一個 @ 符號而成為 @appstream，所以我們可以用此判別該套件的安裝狀態。

🐧 檢視套件相關資訊

若我們想要進一步檢視該套件的相關資訊，則可以使用 info 指令進行查看。

以下方式可以查出 httpd 套件的相關資訊：

```
student$ sudo dnf info httpd
Last metadata expiration check: 2:49:47 ago on Wed 14 Aug 2024 01:46:
46 PM CST.
Available Packages
Name        : httpd
Version     : 2.4.57
```

```
Release       : 8.el9
Architecture  : x86_64
Size          : 45 k
Source        : httpd-2.4.57-8.el9.src.rpm
Repository    : appstream
Summary       : Apache HTTP Server
URL           : https://httpd.apache.org/
License       : ASL 2.0
Description   : The Apache HTTP Server is a powerful, efficient, and
extensible
              : web server.
```

透過 info 指令，可以得到更清楚的套件資訊，以便管理者可以確認這個套件是否為我們所需要。

🐧 安裝套件

一旦確認了套件就是我們要使用的，就可以使用 install 指令進行安裝。

使用下列指令安裝 httpd 套件：

```
student$ sudo dnf install httpd
```

若該套件允許安裝，dnf 會以互動方式出現如下畫面，讓管理者再次確認是否安裝：

```
Last metadata expiration check: 4:15:52 ago on Wed 14 Aug 2024 04:50:53
PM CST.
Dependencies resolved.
================================================================
 Package          Arch       Version          Repository    Size
================================================================
Installing:
 httpd            x86_64     2.4.57-8.el9     appstream     45 k
Installing dependencies:
```

```
  apr                      x86_64      1.7.0-12.el9_3      appstream      122 k
  apr-util                 x86_64      1.6.1-23.el9        appstream       94 k
  apr-util-bdb             x86_64      1.6.1-23.el9        appstream       12 k
  httpd-core               x86_64      2.4.57-8.el9        appstream      1.4 M
  httpd-filesystem         noarch      2.4.57-8.el9        appstream       12 k
  httpd-tools              x86_64      2.4.57-8.el9        appstream       80 k
  mailcap                  noarch      2.1.49-5.el9        baseos          32 k
  rocky-logos-httpd        noarch      90.15-2.el9         appstream       24 k
Installing weak dependencies:
  apr-util-openssl         x86_64      1.6.1-23.el9        appstream       14 k
  mod_http2                x86_64      2.0.26-2.el9_4      appstream      162 k
  mod_lua                  x86_64      2.4.57-8.el9        appstream       59 k


Transaction Summary
================================================================
Install  12 Packages


Total download size: 2.0 M
Installed size: 6.1 M
Is this ok [y/N]:
```

從以上的輸出，我們可以知道若要安裝 httpd 套件，除了本身套件之外，還會有其他的相關項目需要一併安裝；若確認安裝，輸入鍵盤上的「y」，就會開始進行安裝。經過一連串的安裝流程，dnf 會顯示安裝摘要如下：

```
Installed:
  apr-1.7.0-12.el9_3.x86_64
  apr-util-1.6.1-23.el9.x86_64
  apr-util-bdb-1.6.1-23.el9.x86_64
  apr-util-openssl-1.6.1-23.el9.x86_64
  httpd-2.4.57-8.el9.x86_64
  httpd-core-2.4.57-8.el9.x86_64
  httpd-filesystem-2.4.57-8.el9.noarch
  httpd-tools-2.4.57-8.el9.x86_64
  mailcap-2.1.49-5.el9.noarch
```

```
mod_http2-2.0.26-2.el9_4.x86_64
mod_lua-2.4.57-8.el9.x86_64
rocky-logos-httpd-90.15-2.el9.noarch


Complete!
```

> {說明} 因為 dnf 預設會使用互動方式確認套件是否安裝，但這在自動化或是配合指令稿部署時反而有點麻煩，此時可以使用 -y 參數，讓 dnf 不要問這麼多，做就對了。像是我們要安裝 httpd 套件，使用「dnf install -y httpd」後，它就會開始進行下載套件與安裝，不會再詢問了。

10.3.3　更新

　　爲了維護系統的安全性與功能修正，當套件有新版本時，就會有更新作業，通常更新比安裝要更小心，因爲一旦更新後，可能會有延伸的作業需要考量，像是服務重新啓動或是重新開機之類的作業，因此在更新之前要留意後續的相關作業。

單一套件更新

使用 list 指令查詢套件

　　在更新之前，我們可以使用 list 指令，來查詢指定的套件是否有新版更新項目：

```
$ dnf list curl
```

dnf 會將該 curl 相關的可用版本也一併列出：

```
Last metadata expiration check: 4:15:06 ago on Wed 14 Aug 2024 04:50:53
PM CST.
Installed Packages
curl.x86_64              7.76.1-23.el9_2.1                    @anaconda
```

```
Available Packages
curl.x86_64              7.76.1-29.el9_4                    baseos
```

透過輸出結果，可得知 curl 套件在 anaconda（安裝期間）已經安裝，但是在
baseos 儲存庫裡有更新的版本可以安裝，該版本為 7.76.1-29.el9_4。透過這個輸
出，我們可以快速確認該套件的安裝與更新情況。

使用 update 指令更新套件

若這個新版本確定需要安裝，就可以使用 update 指令開始處理。

使用下列指令更新 curl 套件：

```
student$ sudo dnf update curl
```

和安裝套件一樣，按下「y」就可以開始更新作業：

```
Last metadata expiration check: 4:14:34 ago on Wed 14 Aug 2024 04:50:53
PM CST.
Dependencies resolved.
================================================================
 Package       Arch       Version                Repository    Size
================================================================
Upgrading:
 curl          x86_64     7.76.1-29.el9_4        baseos        293 k
 libcurl       x86_64     7.76.1-29.el9_4        baseos        284 k

Transaction Summary
================================================================
Upgrade  2 Packages

Total download size: 577 k
Is this ok [y/N]:
```

🐧 查看可更新套件

在一些例行維護中，我們有時候也會選擇全系統更新，意思是我們不分哪一種套件，只要安裝在系統中的套件一旦有新項目，就直接進行更新。

使用 check-update 指令列出可更新項目

因為一開始不知道有哪些套件有新版本，所以要先查出這些可以更新的套件項目，此時我們可以使用 check-update 指令來列出全部可以更新的項目。

指令如下：

```
student$ sudo dnf check-update
```

這有可能會輸出很多項目，簡略如下：

```
Last metadata expiration check: 4:13:46 ago on Wed 14 Aug 2024 04:50:53
PM CST.

NetworkManager.x86_64              1:1.46.0-4.el9_4            baseos
NetworkManager-libnm.x86_64        1:1.46.0-4.el9_4            baseos
NetworkManager-team.x86_64         1:1.46.0-4.el9_4            baseos
NetworkManager-tui.x86_64          1:1.46.0-4.el9_4            baseos
acl.x86_64                         2.3.1-4.el9                 baseos
alternatives.x86_64                1.24-1.el9                 baseos
~ 略 ~
```

使用 update 指令進行全系統套件更新

我們可以透過所有的列表中選出最在意的套件名稱進行更新，或是直接使用 update 指令進行全系統套件更新：

```
student$ dnf update
```

全系統的套件更新可能會需要不少時間，如果遇到如 kernel 等和核心有關的項目，也要安裝重新開機作業，這些是管理者要事先評估的事項。

> {說明}　update 更新後，會把舊有的版本刪除。但是在更新 kernel 套件的時候，系統會使用「安裝新版本」的方式來更新，所以更新完成之後，系統就會保留舊版本 kernel 套件，這是為了更新後重開機，若發生開機失敗，還能使用舊版 kernel 開機，讓管理者可以再次進入系統修正。

10.3.4　移除套件

有時我們會安裝錯誤的套件，或是該套件經評估後不再使用，就需要有移除作業，此時我們可以使用 remove 指令來完成。

使用 remove 指令

以 httpd 來舉例。在安裝時，dnf 會自動把所有相關的套件一併安裝，但是遇到移除時，我們應該要考量一旦 httpd 移除後，這些相依套件是否也要進行移除。所幸在 Rocky Linux 9 中的 dnf 預設，會自動把其他不再被使用相依套件一併刪除，以確保系統的整潔。

使用下列指令移除 httpd 套件：

```
student$ sudo dnf remove httpd
```

此時我們可以看到其他不再被使用到的相依套件也一併移除：

```
Dependencies resolved.
================================================================
 Package          Arch     Version          Repository    Size
================================================================
Removing:
```

```
 httpd            x86_64    2.4.57-8.el9      @appstream    59 k
Removing unused dependencies:
 apr              x86_64    1.7.0-12.el9_3    @appstream   288 k
 apr-util         x86_64    1.6.1-23.el9      @appstream   211 k
 apr-util-bdb     x86_64    1.6.1-23.el9      @appstream    15 k
 apr-util-openssl x86_64    1.6.1-23.el9      @appstream    23 k
 httpd-core       x86_64    2.4.57-8.el9      @appstream   4.7 M
 httpd-filesystem noarch    2.4.57-8.el9      @appstream   400
 httpd-tools      x86_64    2.4.57-8.el9      @appstream   199 k
 mailcap          noarch    2.1.49-5.el9      @baseos       78 k
 mod_http2        x86_64    2.0.26-2.el9_4    @appstream   442 k
 mod_lua          x86_64    2.4.57-8.el9      @appstream   142 k
 rocky-logos-httpd noarch   90.15-2.el9       @appstream    24 k


Transaction Summary
==========================================================================
Remove  12 Packages


Freed space: 6.1 M
Is this ok [y/N]:
```

{說明} dnf 也有一個像 remove 的指令為 autoremove，它是明確指定了在移除的時候，一併刪除不再使用套件，如果 autoremove 後面沒有加上指定的套件名稱，則 dnf 會去尋找所有不再被使用的套件，然後再刪除。

10.3.5 套件模組管理

隨著應用套件的演進與軟體開發生態的快速發展，很多大型的套件版本更新都相當快速。在 Rocky Linux 這種類 REHL 的發行版來說，要求的是高穩定性與業務連續性，因此在版本變化上看起來會比較舊。一直到了 DNF 的引進，採用了模組的功能，它允許在同一發行版切換不同的套件版本，相當於不同的套件版本看成是不同的模組，可以在需要的時候適時切換。

🐧 檢視 PHP 預設版本

　　以 PHP 為例，在 Rocky Linux 9 的標準支援版本為 PHP 8.0 版本，透過下列指令可以檢視：

```
student$ dnf list php
```

dnf 會列出預設 PHP 版本：

```
Last metadata expiration check: 4:38:42 ago on Wed 14 Aug 2024 05:06:42
PM CST.
Available Packages
php.x86_64                    8.0.30-1.el9_2                    appstream
```

這個 PHP 版本為 8.0.30-1.el9_2，可以從 appstream 儲存庫安裝。

🐧 檢視 PHP 模組的版本

　　現在我們來檢視模組裡的 PHP 可用版本。要檢查模組項目，可以使用 module 指令來查看：

```
student$ sudo dnf module list php
```

執行後，顯示下列版本列表：

```
Last metadata expiration check: 0:37:39 ago on Wed 14 Aug 2024 09:07:49
PM CST.
Rocky Linux 9 - AppStream
Name    Stream    Profiles                      Summary
php      8.1      common [d], devel, minimal    PHP scripting language
php      8.2      common [d], devel, minimal    PHP scripting language

Hint: [d]efault, [e]nabled, [x]disabled, [i]nstalled
```

從以上輸出可以看到，有 2 個可以使用的 PHP 模組版本，分別為 8.1 與 8.2 版本，其相關重點欄位說明如下：

◆ Name：模組名稱，本例為「php」。

◆ Stream：這代表了模組的版本流，這裡有 8.1 和 8.2 兩個版本可以選擇。模組流允許管理者選擇和切換不同版本。

◆ Profiles：配置檔（Profiles）為使用者提供了不同的安裝選擇。這些配置檔可能包括：

  ■ common：通用配置，包含了大多數使用者需要的基本套件。

  ■ devel：開發配置，包含了開發者需要的額外開發工具和庫。

  ■ minimal：最小化配置，僅安裝執行 PHP 最基礎所需的最少套件。

  ■ [d]：表示這是此模組的預設選項。

◆ Summary：提供了對模組的簡要描述，在此例中為「PHP scripting language」。

🐧 啟用 PHP 模組

我們選擇要啟用 php:8.2，透過下列方法：

```
student$ sudo dnf module enable php:8.2
```

再次確認啟用該模組：

```
Last metadata expiration check: 0:38:37 ago on Wed 14 Aug 2024 09:07:49
PM CST.
Dependencies resolved.
================================================================
 Package          Architecture  Version          Repository      Size
================================================================

Enabling module streams:
 php                            8.2
```

```
Transaction Summary
========================================================================

Is this ok [y/N]:
```

輸入「y」完成後，透過 module list 再檢查一次：

```
student$ sudo dnf module list php
```

輸出結果如下：

```
Last metadata expiration check: 0:38:44 ago on Wed 14 Aug 2024 09:07:49
PM CST.
Rocky Linux 9 - AppStream - ClassREPO
Name    Stream      Profiles                    Summary
php     8.1         common [d], devel, minimal  PHP scripting language
php     8.2 [e]     common [d], devel, minimal  PHP scripting language

Hint: [d]efault, [e]nabled, [x]disabled, [i]nstalled
```

從上列的輸出裡，可以看到 Stream 欄位的 8.2 項，被註記了 [e]，代表之後安裝 php 相關套件時，都會使用 8.2 版本。

使用 dnf list 指令，查看 php 的版本：

```
student$ sudo dnf list php
```

輸出結果如下：

```
Last metadata expiration check: 4:39:56 ago on Wed 14 Aug 2024 05:06:42
PM CST.
Available Packages
php.x86_64      8.2.13-1.module+el9.4.0+20013+b017aa8e        appstream
```

由於已經啟用了 8.2 版本模組，所以在 dnf 查詢或安裝時都會以 8.2 為主。

{說明} 模組對於很多人來說，仍然是比較新的概念，很多管理者仍然會使用外部儲存庫來安裝。基於實務來說，如果使用了 module 安裝的套件，如果遇到安全性議題時，會由 Rocky Linux 進行版本更新，也是一件好事。

系統服務與日誌

自從 RHEL 7 開始導入了 systemd 開機機制後，有關系統服務與日誌的管理方式就更加統一與直覺。

除了服務管理之外，系統紀錄（syslog）管理也是很重要的一環。透過 systemd 原生的日誌記錄系統，能夠協助管理員更快速找出相關的事件。

表 11-1　本章相關指令與檔案

重點指令與服務		重點檔案
• logger	• journalctl	• /etc/systemd/journald.conf
• systemctl	• rsyslog	• /etc/rsyslog.conf
• journald		• /var/log/*
		• /var/log/journal/

11.1　systemd 開機機制

學習目標　☑ 瞭解 Linux 開機的基本流程。

　　　　　☑ 瞭解 systemd 與傳統 init 開機機制的差異。

🐧 Linux 開機流程

　　圖 11-1 展示的是一個 Linux 主機開機流程。當電腦主機的電源啟動時，BIOS/UEFI 會先檢查周邊硬體是否正常回應，然後再到硬碟的開機磁區載入 GRUB 的開機程式，GRUB 裡設定了要啟用的 Linux 核心版本與臨時檔案系統（initramfs），然後載入必要的核心模組，以識別硬體。此時作業系統核心會把根目錄切換到磁碟裡的 Root 分割區，接著 Kernel 就會啟動作業系統的第一支程式「init」。

　　以往 init 是一個實際的執行檔案，現在的 init 是一個連結檔案，對應到 systemd 這個程式，所以 systemd 取代了 init 的傳統開機流程，也因為如此，整個作業系統啟動時的第一支實際程式為 systemd，其行程 ID 為 1。

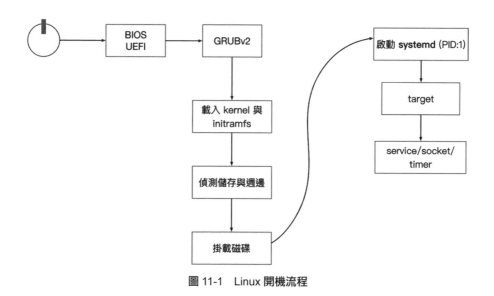

圖 11-1 Linux 開機流程

🐧 systemd 開機機制

systemd 開機機制是 RHEL 7 開始正式引進使用，有許多較以往不同的特點，下表整理了傳統 init 與 systemd 的主要差異：

表 11-2 init 與 systemd 的差異

功能 / 特性	systemd	init
啟動速度	充分使用硬體多核心資源，採用平行處理，啟動速度更快。	依順序啟動，開機速度較慢。
服務相依性管理	自動處理服務相依性	需要手動撰寫指令稿，以管理相依問題。
日誌系統	內建 journald 日誌系統，提供日誌蒐集與檢視功能。	依賴於獨立的 rsyslog 服務。
設定與管理	使用 systemctl 和 Unit 檔案，更易於管理。	使用不同層級的 init 指令稿（Script），管理者需要會撰寫 Shell Script。
擴展性	可以自定義 Unit 檔案。	通常需要修改或增加 Script。

我們可以從表 11-2 上看到幾個明顯的差異，尤其是系統開機的程序改善了以往依順序啓動服務的流程，這減少了系統開機時間，同時也可以充分利用現代多 CPU 核心的資源，對於服務管理也更加統一，不依賴多個不同指令與指令稿。

圖 11-2 展示了部分 systemd 開機時間軸表現，我們可以看到 Kernel 載入後啓動了 systemd 程式，接下來就是一連串的進行開機程序，並啓動相關服務。

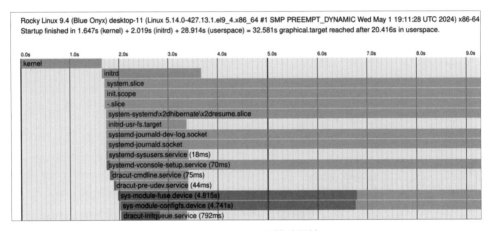

圖 11-2　systemd 開機時間軸

對於系統管理員來說，systemd 導入的主要特性與產生的效益如下：

◆ **平行啟動**：systemd 利用平行處理來快速啓動服務。例如：主機上有一個 Web 服務和一個資料庫服務，而 Web 服務依賴於資料庫，那麼我們可以設定 systemd 先啓動資料庫服務，並且在資料庫服務成功啓動後，再啓動 Web 服務，而不會等待其他不相關的服務。

◆ **相依性管理**：在維護過程中，我們經常需要停止或啓動某些依賴於其他服務的服務。使用 systemd 的 Unit 檔，我們可以清楚定義這些相依關係，使得管理更爲簡單。例如：當我們需要進行資料庫升級時，可以方便停止相依於它的所有其他服務，然後進行升級，接著再啓動所有相關服務。

◆ **內建日誌系統**：journald 是 systemd 的核心功能之一，它不僅收集核心日誌，還收集使用者空間的日誌，在系統發生異常時，就可以透過它來進行除錯。假如一個服務無法啓動，使用 journalctl 可以迅速找出失敗的原因。

◆ 設定和管理方便：在 systemd 中，管理服務只需要簡單的 systemctl 指令。例如：要停止一個名為「httpd」的 Web 服務，我們只需執行 systemctl stop httpd，這比起傳統撰寫 init 腳本來得直接和簡單。設定新服務時，只需要增加或修改單位檔，然後重新載入設定，就可以透過 systemctl 直接管理了。

從以上的幾個重點項目來看，systemd 比傳統 init 提供了一個更現代、更高效的方法，來管理 Linux 服務和資源。

11.2 ┊ systemctl 與服務管理

學習目標　☑ 能夠使用 systemctl 管理服務。

11.2.1　systemd 與 SysVinit 服務管理

在 Linux 的演進過程中，「初始化系統」（init system）一直扮演著非常重要的角色，它是負責控制和管理系統啟動過程中的各項任務和服務。傳統的 SysVinit 是長期以來被多數的 Unix 系統所採用的初始化系統，然而隨著雲端運算、容器技術和現代硬體的快速進步，SysVinit 的一些設計和特性開始顯得有些陳舊和不足，這促使了 systemd 的誕生。

systemd 不僅提供了更加高效、快速的系統啟動方式，還提供了許多現代化的功能和特性，如同時啟動服務、系統資源控制、對服務的錯誤管理有更好的處理方式。除此之外，systemd 的設計理念也更偏向於集中管理，將多個功能和元件都整合在一起，提供一個一致性的操作介面，這不僅簡化了系統管理的工作，也大大提高了系統的執行效率。從 RHEL 7 開始，很多 Linux 發行版也選擇使用 systemd 取代傳統的 SysVinit，改用 systemd 作為預設的初始化系統。

在 Linux 的世界裡，「服務管理」一直是系統管理的重要任務之一。「服務」也稱為「背景服務」（daemons），處理系統啟動時就開始執行，進行網路請求、日誌記錄、硬體操作等工作。

systemctl 是管理系統服務的主要工具。不同於傳統的 SysVinit 系統，systemctl 提供了統一的方式來管理服務，管理者不再需要記住各種繁瑣的命令，只需要使用 systemctl，加上一些簡單的參數，就可以完成大部分的服務管理工作。

以下是一個簡單的比較表，描述了如何使用 systemctl 和傳統的 SysVinit 命令，來執行一些常見的服務管理任務。

表 11-3　systemctl 和 SysVinit 的比較

功能	systemd	SysVinit
啟動服務	systemctl start [service]	service [service] start
停止服務	systemctl stop [service]	service [service] stop
重新啟動服務	systemctl restart [service]	service [service] restart
查看服務狀態	systemctl status [service]	service [service] status
啟用自動啟動	systemctl enable [service]	chkconfig [service] on
禁用自動啟動	systemctl disable [service]	chkconfig [service] off
查看所有服務狀態	systemctl list-units --type=service	chkconfig --list
查看活動日誌	journalctl -u [service]	查看 /var/log/ 目錄相關日誌
重新載入服務設定	systemctl reload [service]	service [service] reload
立即停止並禁用服務	systemctl mask [service]	無直接對應功能

從表 11-3 中，我們可以看到大部分的系統管理作業都是使用 systemctl 這個指令來完成，這也是 systemd 比較進步的地方，透過統一的管理工具完成大部分的作業。就算有更精細的服務相依需求，透過設定的方式也可以快速達成，讓管理方式更加直覺且透明。

11.2.2 使用 systemctl 管理服務

🐧 使用 httpd 服務

為了讓讀者具體瞭解 systemctl 如何管理服務，我們將使用 httpd 服務作爲示範。「httpd」是 Apache HTTP 伺服器的服務名稱，在多數 Linux 發行版中都能找到。由於 Web 服務需要使用瀏覽器來驗證，所以我們要在 Desktop 執行 Firefox 來驗證。

安裝 httpd 套件

透過下列方式可以安裝 httpd，並演練本小節技巧：

```
student$ sudo dnf install -y httpd
```

完成套件安裝後，我們就可以開始使用 systemctl 操作 httpd 服務，透過一連串的練習來體驗 systemctl 的操作。

Step 01 由於 httpd 是第一次安裝，完成後使用 status 來查看該服務的狀態：

```
student$ sudo systemctl status httpd
```

圖 11-3　httpd 服務狀態

透過圖 11-3 的輸出，我們可以看到兩處重點：

◆ 第 1 項顯示 disabled，代表 httpd 服務在下次開機時不會自動啓動；如果是 enabled，則在下次開機時，該服務會自動啓用。

◆ 第 2 項顯示 inactive，代表 httpd 目前沒有啓動；如果是 active，代表該服務目前是啓用狀態。

Step 02 透過 start 啟動 httpd 服務：

```
student$ sudo systemctl start httpd
```

此時我們開啟 Firefox 瀏覽器，輸入「http://localhost/」，結果如圖 11-4 所示。

圖 11-4　Firefox 能夠檢視本機 Web 內容

Step 03 透過 stop 啟動 httpd 服務，然後在 Firefox 重新整理，並查看其結果：

```
student$ sudo systemctl stop httpd
```

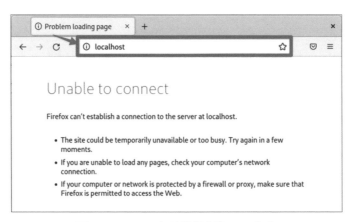

圖 11-5　Firefox 無法檢視本機 Web 內容

透過以上的 start 與 stop 操作，搭配 Web 瀏覽器的驗證，我們可以知道 httpd 服務在 systemctl 的管理方式下，更加直覺與方便。

常用的服務管理作業

以下為常用的服務管理作業。設定完成後，讀者可以使用 status，配合圖 11-3 的結果進行比對，查看該服務設定後的狀態變化。

重新啟動 httpd 服務：

```
student$ sudo systemctl restart httpd
```

設定下次開機時，啟動 httpd 服務：

```
student$ sudo systemctl enable httpd
```

設定下次開機時，停用 httpd 服務：

```
student$ sudo systemctl disable httpd
```

以上只是 systemctl 與 httpd 服務互動的基礎。為了充分瞭解 systemctl，建議深入閱讀官方文件和相關指引手冊，瞭解更多的進階功能和設定選項。

> {說明} 在實務情況中，像 httpd 這種網路服務，通常會使用網路連接埠等待使用者的連線，此時也可以進一步使用 ss 指令，查看 httpd 是否如預期在連接埠上監聽。

11.3 ┊ journald 與日誌檢查

學習目標　☑ 瞭解作業系統 syslog 查詢方式。

　　　　　　☑ 瞭解 syslog 的分類與等級。

　　　　　　☑ 將訊息寫入 syslog。

　　作業系統在運作的時候會有很多事件產生，這些事件在 Linux 中會被 systemd-journald 所接收。由於這些事件包含了時間與當下所發生的事，所以一旦主機發生問題時，我們就有機會從這些事件中，找出事發當下或更先前的根本原因。

　　在資訊安全的層級考量上，由於這些詳細的資訊能夠爲管理者更加瞭解系統當下的狀態，所以保存事件是一個顯學。在 Linux 中的事件，我們稱之爲「日誌」，每一個日誌內容大多以文字呈現，讓管理者查看。由於系統產生的日誌非常多，所以作業系統提供了日誌類別與事件的層級。

　　有了「類別」與「層級」的概念，管理者不用一口氣把所有日誌進行完整檢查，因爲這是一件耗時的工作。管理者只要找出在意的類別或層級就可以了，例如：要找出系統裡日誌等級爲錯誤的層級，這樣就不用再查看比這個層級更輕的事件了。

　　Linux 系統裡的系統日誌（syslog）是最常檢常的項目，因爲它是由作業系統所提供，舉凡服務啓動、登出登入或郵件等事件，都會記錄下來。

11.3.1　日誌類別與事件層級

　　在 Linux 系統中，應用程式可以依自己的特性把訊息傳送到系統中，並且指定到特定的類別（Facility），每一個類別又可以分不同的嚴重性（Severity）。在 Linux 已經定義好的類別，如表 11-4 所示。

表 11-4　Linux 中已定義好的類別

Facility	說明
kern	與系統核心（Kernel）相關的事件，例如：驅動程式載入、硬體錯誤等。
user	使用者層級的事件，例如：使用者登入、登出等。
mail	與郵件系統相關的事件，例如：郵件傳輸、郵件伺服器錯誤等。
daemon	守護程式相關的事件，例如：系統服務啟動、停止、錯誤等。
auth	與驗證和授權相關的事件，例如：使用者驗證、授權失敗等。
syslog	syslog 本身的事件。
lpr	列印系統相關的事件，例如：列印工作提交、列印佇列狀態等。
news	新聞伺服器相關的事件，例如：新聞文章的發布、訂閱等。
uucp	UUCP（Unix-to-Unix Copy）相關的事件，用於遠端檔案傳輸和通訊。
cron	與定時任務排程程式 cron 相關的事件。
authpriv	與安全驗證和授權相關的私有事件，通常包含敏感資訊。
ftp	FTP 伺服器相關的事件，例如：檔案上傳、下載等。
ntp	網路時間協定（NTP）相關的事件，用於同步系統時鐘。
local0 - local7	這是一組自訂 Facility，可以根據需要進行自訂和使用。

作業系統已經提供了表 11-4 中的類別，然而隨著時代的演進，有一些服務漸漸不如以往流行，像是 ftp 或 news 之類的類別，但大致上系統常用的類別不超過上列的項目，如果遇到不敷使用的情況，通常會放到 local0~local7 的自訂類別中。

每一個類別紀錄中，又可以分為不同層級，用來區分事件的嚴重性，有些是一般訊息，有些則是無傷大雅的流程資訊，但是一些比較嚴重的層級如 Warning、Error、Alert 或 Emergency 等訊息，系統管理員就要嚴陣以待，評估這些訊息是否為應用程式或系統上的問題，並加以排解。為了讓紀錄更能辨別嚴重程度，每一個類別又有層級概念，通用的層級表如表 11-5 所示。

表 11-5 通用的層級表

層級（Level）	Severity	Keyword	說明
0	Emergency（緊急）	emerg	表示系統遇到無法繼續執行的嚴重問題，需要立即採取行動。
1	Alert（警示）	alert	表示需要立即注意和回應的情況，但不需要立即中止系統。
2	Critical（危急）	crit	表示系統遭遇到重大問題，需要立即處理。
3	Error（錯誤）	err	表示系統或服務發生了錯誤或失敗的情況，基本上是無法執行的。
4	Warning（警告）	warning	表示可能導致問題的情況或潛在的錯誤，但還是能夠執行。
5	Notice（通知）	notice	表示一般的重要訊息，例如：正常但值得注意的事件。
6	Informational（資訊）	info	表示一般的操作訊息或系統狀態更新。
7	Debug（除錯）	debug	表示用於除錯和故障排除的訊息。

從表 11-5 可以看出，層級表為事件的嚴重程度，越嚴重的層級則數字越低。有時我們會用數字（0~7）來表示這個事件有多嚴重，或是直接使用文字關鍵字（Keyword）來表示。一旦指定了要檢視的層級，通常代表該層級或是比它嚴重的，都會一併納入。

{說明} 通常 Level 0~Level 2 大多為作業系統層級錯誤，Level 3 開始為應用程式（包含服務）的紀錄。Debug 除錯訊息有可能包含敏感資料，在正式環境中，若非必要，建議不要開啟，以免造成資料外洩的風險。

11.3.2　journald 與 rsyslog 服務

以往我們要查看 syslog 時，必須依賴 rsyslog 這類的服務，在 systemd 中自帶有日誌功能，我們可以使用 journalctl 來查看這些系統日誌。表 11-6 是一個用來比較 journalctl 和 rsyslog 差異的表格。

表 11-6　journalctl 和 rsyslog 的比較

功能 / 特性	journalctl	rsyslog
儲存位置	二進制檔案，通常存放在 /var/log/ journal/。	文字檔案，通常在 /var/log/ 目錄下。
查看全域日誌	journalctl	cat /var/log/syslog 或 cat /var/log/ messages
篩選時間範圍	使用 --since 和 --until 篩選。	需使用 grep、awk 等工具。
日誌輪替	自動管理，透過設定自動輪替。	通常由 logrotate 管理，需要手動設定。
處理二進制日誌	原生支援。	不支援。
寫入遠端伺服器	配合 rsyslog 進行整合。	原生支援。
查看即時日誌	journalctl -f	tail -f /var/log/[log file]
系統啟動後日誌	journalctl -b	通常在 /var/log/boot.log 或相似檔案中查看。

這個表格提供了 journalctl 和 rsyslog 之間的基本區別和特性比較。通常如果是單機或少量主機管理的話，使用 journalctl 足夠掌握系統訊息，但是主機數量一多，就需要搭配 rsyslog 的日誌主機（Syslog Server）來協助統一納管訊息。我們可以根據環境的具體需求和習慣，選擇其中一個作為主要的日誌查看和管理工具。

11.3.3　查看系統紀錄

管理者在檢查日誌時，最常見的情況就是每月進行例行檢查，然後查出最近一個月的事件，再依這個時間點內找出感興趣的類別或層級。

🐧 Journalctl 指令

查看所有系統紀錄

要檢視所有系統紀錄，只要執行 journalctl，我們就可直接查看：

```
root# journalctl
```

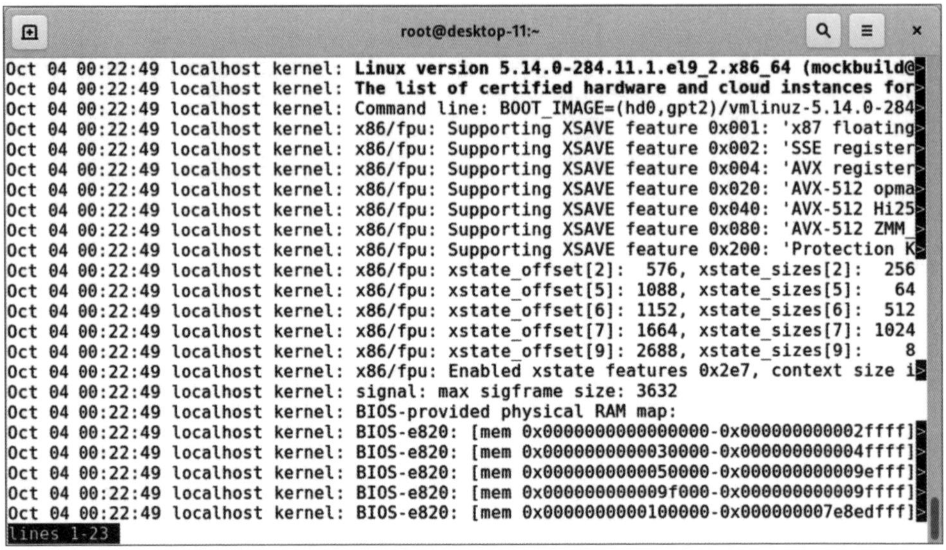

圖 11-6　journalctl 查看系統日誌

查看區間系統紀錄

此時會顯示從最一開始記錄的事件到最後一筆，這會有相當多內容，而 journalctl 提供了日期區間，讓我們縮小範圍。

以下顯示查看「2024-10-04 09:00:00~2024-10-04 10:00:00」一個小時之間的日誌，其指令如下：

```
root# journalctl --since "2024-10-04 09:00:00" --until "2024-10-04 10:00:00"
```

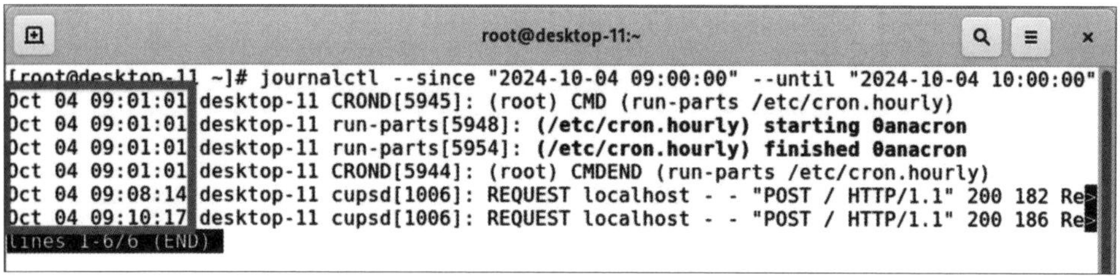

圖 11-7　journalctl **查看指定區間系統日誌**

透過 --since 與一untile，讓我們更方便取出要查看的日期區間，而不用像大海撈針一樣，從成千上萬的事件裡找出特定項目。每個事件都會被貼上事件標籤，通常是該行程的名稱，例如：我們要查出有關排程的事件，就可以使用 CROND 這個標籤來查。

查看標記為 CROND 的紀錄

下列示範查看標記為 CROND 的紀錄：

```
root# journalctl -t CROND
```

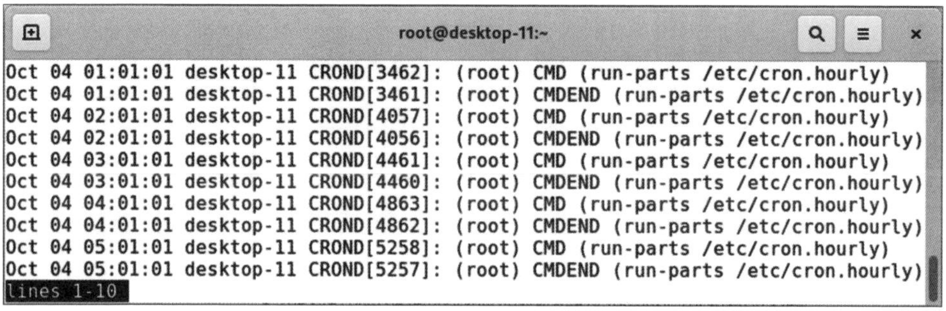

圖 11-8　journalctl **查看指定標籤之日誌**

系統紀錄資料持久化

在 Linux 中，journald 會把資料放在記憶體中，重開機後這些紀錄會不見，若要將系統紀錄資料持久化，可建立目錄 /var/log/journal/ 並修改設定檔，就可以把所有資料儲存起來。

預設 /var/log/ 裡沒有 journal 目錄，所以我們手動建立它：

```
root# mkdir /var/log/journal/
```

完成之後，需要修改 journald 的設定檔，該檔案位置為 /etc/systemd/journald.conf，修改 Storage 參數。設定方法如下：

```
root# vi /etc/systemd/journald.conf
```

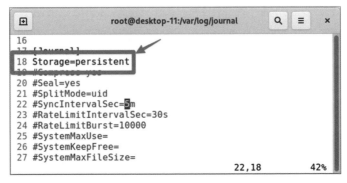

圖 11-9　設定 journald 日誌檔案存放位置

編輯完成後，重新啟動 systemd-journald，方可生效：

```
root# systemctl restart system-journald
```

但是這樣會造成日誌無限保留，最終占用所有的磁碟空間，所以我們要有良好的日誌保留期間計畫，由於每個組織對於日誌保留的政策都不一樣，以大部分的習慣來說約為 180 日，但仍需看組織政策加以配合。

設定系統紀錄的保存期間

要設定 journald 的紀錄保存 180 天，需要編輯 journald 的設定檔，該檔案位置為 /etc/systemd/journald.conf，並修改 MaxRetentionSec 參數。

```
root# vi /etc/systemd/journald.conf
```

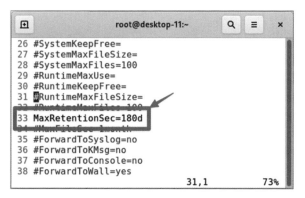

圖 11-10　設定 journald 日誌保留時間

編輯完成後，重新啓動 systemd-journald，方可生效：

```
root# systemctl restart system-journald
```

11.3.4　將事件寫到 syslog 裡

對於系統管理員來說，有時會使用指令稿的方式把工作進行自動化，在指令稿執行的運作過程中，需要把指定的流程或工作階段存成記錄檔。

把指定的流程或工作階段存成記錄檔

在 Linux 中有提供 logger 指令，讓使用者可以把指定的字串寫入 syslog 裡，透過這種方式，和作業系統紀錄整合在一起，以便統一管理或納管。

像是我們要把 Hello 這串訊息傳到 syslog 裡，就可以使用下列方式完成：

```
root# logger "Hello"
```

接下來，使用 journalctl 來查看相關訊息：

```
root# journalctl | grep Hello
Oct 15 01:32:42 desktop-11 root[60526]: Hello
```

由輸出結果可以看到，傳送到 syslog 的訊息可以使用 journalctl 來查看，並且可以看到資料紀錄的時間。

訊息加上標籤作為分類

再進一步的應用，為了讓訊息更容易辨識，現在要為訊息加上標籤作為分類，並且設定是一個警告的等級。要滿足這個應用，則需要使用 -t 參數進行貼標，再使用 -p 參數設定記錄等級。

透過下列方式可以把 Message 這個訊息存成警告等級，並且貼上 class 標籤：

```
root# logger -t class -p warn Message
```

當訊息貼上標籤後，在 journalctl 就可以使用 -t 參數把指定的記錄找出，如下列指令所示：

```
root# journalctl -t class
Oct 15 01:37:59 desktop-11 class[60568]: Message
```

> 【說明】 對於開發人員或是撰寫指令稿的資訊人來說，建議明確指定該訊息要存成哪一種等級的事件，因為這樣可以配合資訊安全方案中的事件通報，快速定位出有問題的事件，而不用一個一個查。

11.4 rsyslog 與日誌系統

rsyslog 是一個歷史悠久且廣泛使用的 syslog 管理工具，已被整合到各種 Linux 發行版中。早在 systemd 這個現代化初始化系統誕生之前，rsyslog 就已負責處理作業

系統內部的各種 syslog 訊息。由於其穩定性與成熟性，rsyslog 成為現今許多企業和組織實施資訊安全的首選之一。

以 ISO/IEC 27001:2022 資訊安全框架來說，日誌存錄是關鍵要求之一，而 rsyslog 也常被視為最符合這些需求的解決方案之一，它不僅能夠可靠地收集和儲存系統日誌，還具備靈活的配置能力，能夠根據組織的需求，自訂日誌的傳送與存放方式。

rsyslog 支援 Server/Client 的架構，用戶端節點可以將系統日誌傳送到集中管理的 Log Server，統一存放所有節點的日誌資料。這種集中化的管理方式，有效減少了單一節點日誌遺失或損壞的風險，同時也免除了手動在多個節點上管理日誌的重工問題。

由於 Log Server 的設定屬於 Linux 伺服器應用的範疇，這部分已超出本書的內容範圍，因此我們不會深入討論其完整架構。在本小節內容中，我們將介紹 rsyslog 的主要套件、設定檔位置以及日誌檔案的存放位置等本機管理方式。

使用套件

我們可以透過直接安裝 rsyslog 套件，就可以使用 rsyslog 服務，使用下列方式安裝進行安裝：

```
student$ sudo dnf install -y rsyslog
```

接下來使用下列指令啟動，並檢查 rsyslog 服務：

```
student$ sudo systemctl enable --now rsyslog
student$ sudo systemctl status rsyslog
● rsyslog.service - System Logging Service
     Loaded: loaded (/usr/lib/systemd/system/rsyslog.service; enabled;
preset: enabled)
     Active: active (running) since Fri 2024-10-25 02:10:44 CST; 41s ago
       Docs: man:rsyslogd(8)
```

```
                  https://www.rsyslog.com/doc/
    Main PID: 11171 (rsyslogd)
       Tasks: 3 (limit: 10969)
      Memory: 3.1M
         CPU: 35ms
      CGroup: /system.slice/rsyslog.service
              └─11171 /usr/sbin/rsyslogd -n

Oct 25 02:10:44 server-11 systemd[1]: Starting System Logging Service...
Oct 25 02:10:44 server-11 systemd[1]: Started System Logging Service.
Oct 25 02:10:44 server-11 rsyslogd[11171]: [origin software="rsyslogd"
swVersion="8.2310.0-4>
Oct 25 02:10:44 server-11 rsyslogd[11171]: imjournal: journal files
changed, reloading...  [>
```

在上列輸出的 Active 欄位中，只要顯示「active (running)」就代表服務已經正常啟用。

🐧 設定檔位置

rsyslog 主要設定檔位於 /etc/rsyslog.conf，如果有自訂設定，則優先選擇存放在 /etc/rsyslog.d/ 目錄下的各個檔案中（副檔名為 .conf）。

rsyslog 設定檔中，如果發現有 # 符號，代表其後的項目均為註解，由於預設內容有多項註解，我們使用 sed 重新篩選，只顯示未註解內容。參考指令如下列方式：

```
student$ cat /etc/rsyslog.conf | sed -e 's/#.*//g' -e '/^$/d'
```

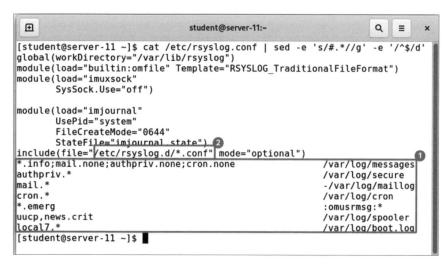

圖 11-11　檢視 rsyslog 設定檔內容

在圖 11-11 中，這個設定檔指示的 syslog 各項層級應該儲存到哪些位置：

◆ 設定每一個日誌類別與等級應該要儲存的位置，像是 mail 類別的所有等級
（mail.*）要放到 /var/log/maillog 裡；把所有的類別的資訊以上等級（*.info）放
到 /var/log/message 裡，但是不包含 mail、authpriv 與 cron 類別。

◆ 在這個 /etc/rsyslog.conf 主設定檔案，也讀取 /etc/rsyslod.d/ 目錄裡副檔名以 .conf
結尾的設定檔，以彈性擴充 rsyslog 的運作方式。

🐧 日誌檔案位置

當我們瞭解 rsyslog.conf 設定內容後，就可以發現很多檔案都被指向到 /var/log/
目錄裡的檔案，由於這些是套件安裝好就預先處理的設定，所以在預設情況下，
rsyslog 會將各類系統日誌儲存到 /var/log/ 目錄中，以 Rocky Linux（或與 RHEL 相
容之發行版）來說，很多日誌內容都會放到 /var/log/messages 檔案裡。

由於存放的內容大多為文字檔案，所以管理者可以使用第 2 章中所介紹的各項檢
視指令，加以篩選要查看的日誌。

{說明} 對於資訊安全要來說，我們需要為這些檔案進行保存，通常 rsyslog 的日誌會配合 logrotate 的機制進行處理，實務上可以把這些輪替過後的日誌檔案另外儲存到其他空間，以進行備查使用。

11.5 journald 與 rsyslog 選擇

學習目標 ☑ 評估日誌整合架構。

☑ 瞭解 journald 與 rsyslog 各自優缺點。

11.5.1 journald 優勢與劣勢

journald 作為 systemd 的內建日誌管理系統擁有強大的主場優勢，具備了即時性、系統整合和高度的靈活性。它的優勢在於與 systemd 深度整合，能快速記錄和追蹤系統啟動、服務狀態和變更過程。除此之外，journald 是以二進制方式儲存檔案，能夠快速寫入和檢索，也支援了以 journalctl 指令來進行過濾和篩選，為日誌管理提供了便捷性。

然而，journald 的設計主要適用於本機系統的日誌管理，且不具備直接傳送日誌到遠端伺服器的功能。在需要集中管理或長期儲存的場景中，journald 的二進制格式不如傳統文字日誌來得直覺，可能增加日誌導出或備份的複雜性。

11.5.2 rsyslog 優勢與劣勢

rsyslog 的強項在於它的高度擴展性和多樣化的協定支援，作為一款專業的日誌管理工具，rsyslog 能處理多種日誌格式，並輕鬆將日誌轉發至遠端伺服器。它的

多協定支援，例如：TCP、UDP 等傳送方式，使其成為集中式日誌管理工具的優先選擇。

rsyslog 還能根據日誌的類別和層級進行精細的篩選和轉發，適合大規模、跨網路的日誌收集需求。然而，相較於 journald 的即時性和簡便性，rsyslog 需要額外設定，並依賴 journald 來接收和轉發系統日誌，因此對於小規模或即時性要求高的環境來說，設定上可能顯得繁瑣。

11.5.3　選擇日誌解決方案

從先前的 journald 與 rsyslog 的介紹與實作之後，我們可以瞭解其各自的主要特性與可用場景：

表 11-7　journald 與 rsyslog 的主要特性與可用場景

特性	journald	rsyslog
儲存格式	二進制。	文字。
效能	高。	中等。
整合性	與 systemd 高度整合。	可與多種系統整合。
擴展性	有限。	高。
適用場景	單機、小型系統、即時性要求高。	集中式日誌管理、跨網路收集。

瞭解兩種常用的日誌系統的特性後，讓我們來看看在不同規模的環境下，如何選擇合適的解決方案。

小型架構或少數量主機管理

對於單一或少量伺服器的環境，journald 是一個簡單且直接的解決方案。journald 內建於 systemd 中，不需要額外安裝和配置，便能即時管理日誌，並提供便利的查詢指令。

對於不需長期儲存日誌的情境，journald 提供的持久化功能已足夠應對短期的日誌需求。此外，journald 也提供系統事件的即時監控，使得伺服器管理員能夠在本地進行有效的故障排除。

中大型架構或較多數量主機管理

在多台伺服器、分散式環境或企業級應用中，建議引入集中式的 syslog 伺服器來統一管理日誌。此時，journald 可作為每台伺服器上的本地日誌管理系統，而 rsyslog 則負責將日誌統一轉發到遠端的 syslog 伺服器。

在集中式環境中，很多專門處理 syslog 的服務也提供了便於檢視和分析的集中化日誌管理介面（如 Graylog 或 ELK），同時便於長期儲存、稽核以及日誌備份。而日誌伺服器通常也能根據日誌類別和嚴重層級進行事件告警機制，讓管理員能夠在第一時間接收異常通知。

像這種結合 journald、rsyslog 和 syslog 伺服器的方案，可以為較大型或複雜一點的架構環境提供即時監控、集中管理與長期儲存的效益。

{說明}　筆者常常和大家分享，不論是企業資訊方案管理或是專案技術導入，沒有最完美或最好的方案，只有最合適的方案。許多人時常糾結於要導入最好的方案，但是卻忽略了必要的導入、人力、費用等成本，唯有選擇合適的方案，才能在負擔得起的情況下，滿足需求且達到管理平衡。因此，在我們學習技術的過程中，最重要的是能夠學會就地取材的能力，很多可以滿足當下需求的內建功能，並和先前所知學以致用，就能完成最合適的解法，而不用殺雞用牛刀。

博碩文化

博碩文化